新世纪高职高专实用规划教材　建筑系列

建筑工程制图与识图习题集

(第3版)

牟　明　主　编

张　琳　郑　枫　副主编

清华大学出版社
北　京

内容简介

本习题集是牟明主编教材《建筑工程制图与识图(第 3 版)》的配套教学用书，可供土建类专业及相关专业，如房地产管理、装饰装修、建筑环境设备、物业管理、城市规划等专业使用。

本习题集的内容及编排与教材《建筑工程制图与识图(第 3 版)》相配合，共分 13 章。其主要内容有：制图基本知识与技能、正投影基础、基本体的投影、建筑形体的表面交线、组合体的投影、轴测投影图、表达形体的常用方法、透视与阴影、建筑施工图、结构施工图、给水排水施工图、建筑装饰施工图和计算机绘图基础等。本习题集中各种工程图的画法和表达方法均按最新公布的国家制图标准编写，且习题内容由浅入深、由易到难，符合学生的认知规律，并能兼顾教学、自学和知识拓展等多方面需要。本习题集可供高职高专、职工大学、函授大学、电视大学土建及各相关专业学生学习选用，也可供相关专业的工程技术人员学习参考。

图书在版编目(CIP)数据

建筑工程制图与识图习题集/牟明主编. --3 版. --北京：清华大学出版社，2015（2024.8 重印）
(新世纪高职高专实用规划教材 建筑系列)
ISBN 978-7-302-41041-6

Ⅰ. ①建… Ⅱ. ①牟… Ⅲ. ①建筑制图—识别—高等职业教育—习题集 Ⅳ. ①TU204-44

中国版本图书馆 CIP 数据核字(2015)第 169147 号

责任编辑：梁媛媛
封面设计：刘孝琼
责任校对：周剑云
责任印制：刘 菲

出版发行：清华大学出版社
网 址：https://www.tup.com.cn，https://www.wqxuetang.com
地 址：北京清华大学学研大厦 A 座 **邮 编：**100084
社 总 机：010-83470000 **邮 购：**010-62786544
投稿与读者服务：010-62776969, c-service@tup.tsinghua.edu.cn
质量反馈：010-62772015, zhiliang@tup.tsinghua.edu.cn
课件下载：https://www.tup.com.cn, 010-62791865
印 装 者：三河市人民印务有限公司
经 销：全国新华书店
开 本：260mm×185mm **印 张：**12.25 **字 数：**75 千字
版 次：2007 年 2 月第 1 版 2015 年 8 月第 3 版 **印 次：**2024 年 8 月第 10 次印刷
定 价：35.00 元

产品编号：061519-03

前　言

本习题集是牟明主编《建筑工程制图与识图(第 3 版)》的配套教学用书，可供土建类专业及各相关专业使用。此次修订，在第 2 版的基础上主要突出了以下几点。

(1) 习题集中各种工程图的画法和表达方法均按照我国现行技术标准、规范的要求编写。

(2) 对所选习题进行了精选和精简。内容由浅入深、由易到难、循序渐进、前后衔接，符合学生的认识规律，并能兼顾教学、自学和知识拓展等多方面需要。

(3) 题目类型丰富多样、注重应用，便于学生综合运用和掌握所学的基础理论知识，有利于培养学生分析问题与解决问题的能力。

(4) 选编了部分有难度的习题，以满足不同专业的教学需要和不同学生的练习需求，力求通过加强实践训练，达到培养学生空间思维能力和作图技巧的目的。

本习题集由山东职业学院牟明任主编，上海市建工设计研究院张琳、山东职业学院郑枫任副主编，山东英才学院袁越、山东农业工程学院隋燕、山东职业学院马扬扬任参编。其中，第 1、2、3、6、7、13 章由牟明编写，第 9、10 章由张琳编写，第 11 章由郑枫编写，第 4、5 章由袁越编写，第 12 章由隋燕编写，第 8 章由马扬扬编写；全书由牟明统稿。

欢迎选用本习题集的师生和广大读者提出宝贵意见，以便修订时加以调整与改进。

编　者

目 录

学生可沿此线剪下上交

1-1　绘图工具的用法(抄绘下列图线，不标注尺寸)。

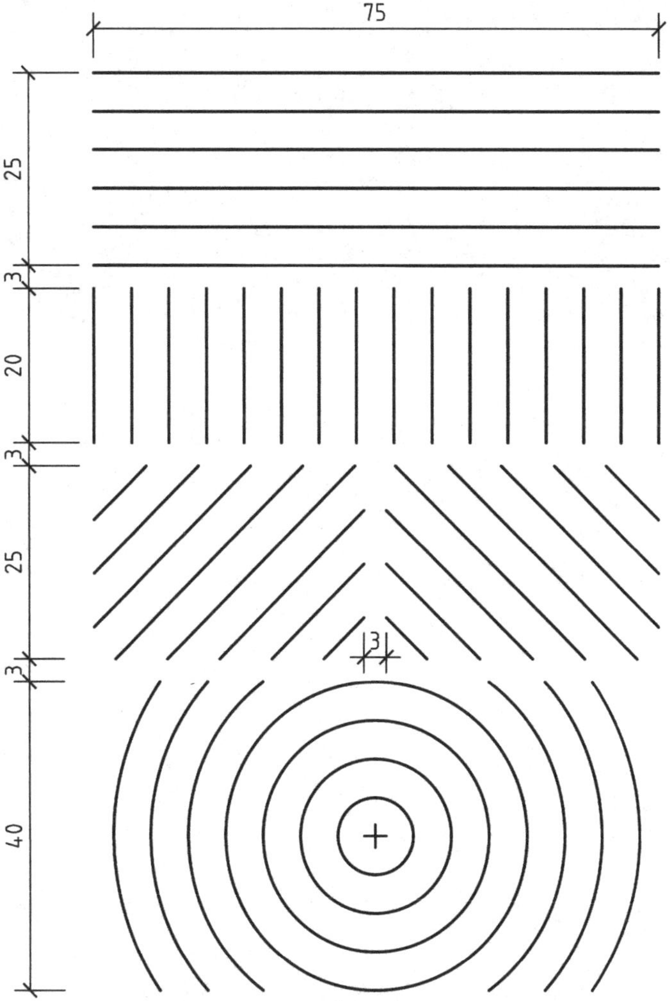
75
25
3
20
3
25
3
3
40

(图线间隔为5mm)

学生可沿此线剪下上交

1-2　字体(汉字)练习。

建筑工程制图与识图是研究建筑工程图样的绘制与识

读规律的一门课程适用于土建类及相关专业如房地产

管理装饰装修建筑环境设备城市规划清华大学出版社

学生可沿此线剪下上交

1-3　字体(汉字)练习。

房屋的组成基础墙柱子楼地面楼梯屋顶门窗阳台建筑施工图包括图纸目录施工

总说明总平立剖详图结构图由钢筋混凝图构件基础楼层平面布置等梁板柱墙体

饰图是用于建筑装饰工程的总体布局立面造型内部布置细部构造和施工要求等

图样它是以透视效果图为主要依据采用正投影的方法反映建筑物内外表面的装

修情况平面整体表示法适用的构件为柱剪力墙梁主要包括整体和标准构件详图

学生可沿此线剪下上交

1-4　字体(汉字)练习。

工程图样是一种以图形为主要内容的技术文件用以表达工程实体形状大小所用材料以及加工和施工时的技术

要求能正确地绘制和阅读建筑工程图样是建筑工程技术人员表达设计意图交流技术思想指导生产施工等必备

基本知识与技能所以建筑工程制图与识图这门课是建筑及其相关专业学生必修的一门重要的基础学习该课程

目的有两个一是为后续专业课程打基础二是为今后能胜任本职工作创造条件本课程的任务是使学生通过本课

程学习达到以下要求熟悉国家制图标准的有关规定能正确使用绘图工具掌握几何作图的方法和步骤获得较熟

练绘图技能掌握正投影法的基础理论和作图方法以及轴测投影的基本知识和画法能绘制专业图样并具有良好

图面质量了解计算机绘图的基本知识培养认真负责的工作态度和一丝不苟工作作风学好投影理论练好基本功

学生可沿此线剪下上交

1-5 字体(字母、数字)练习。

A B C D E F G H I J K L M N O P Q R S T U V W X Y Z

a b c d e f g h i j k l m n o p q r s t u v w x y z

α β λ ξ σ γ ε ζ η θ φ ψ ω Φ Ψ 1 2 3 4 5 6 7 8 9 0 Ⅰ Ⅱ Ⅲ Ⅳ Ⅴ

学生可沿此线剪下上交

1-6　图线练习(按图中尺寸、线型和比例抄绘图样，不标注尺寸)。

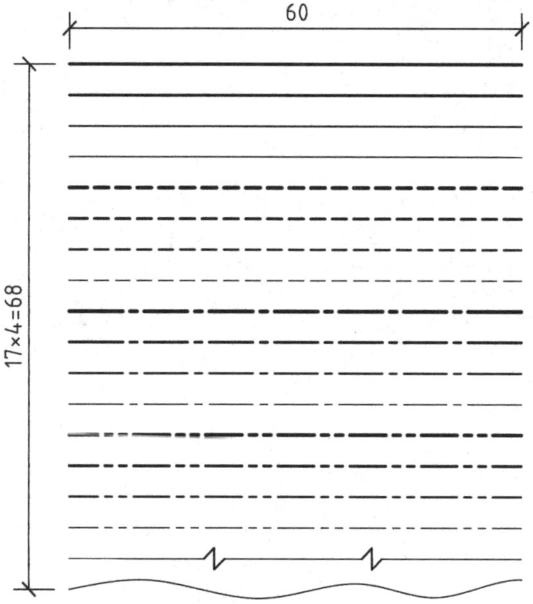
60
17×4=68

图线 1:1

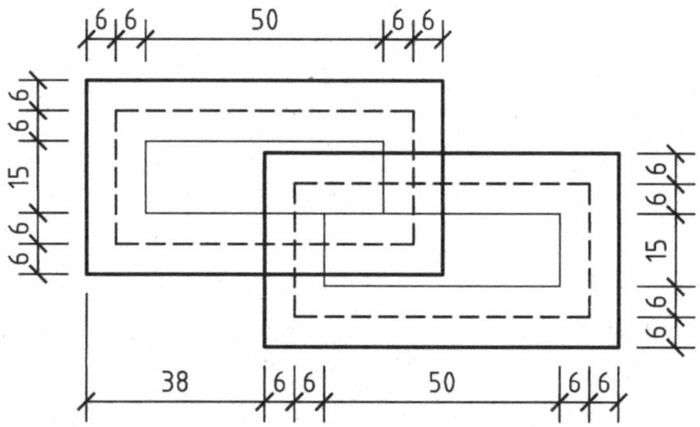
6
6
50
6
6
15
38
50

图形 1:2

学生可沿此线剪下上交

1-7　给下列图形标注尺寸(尺寸从图中按 1∶1 量取，取整数)。

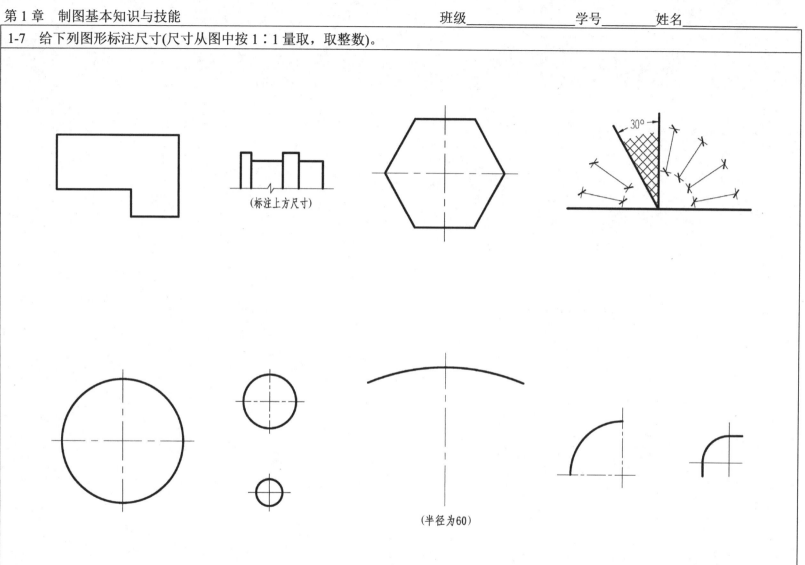

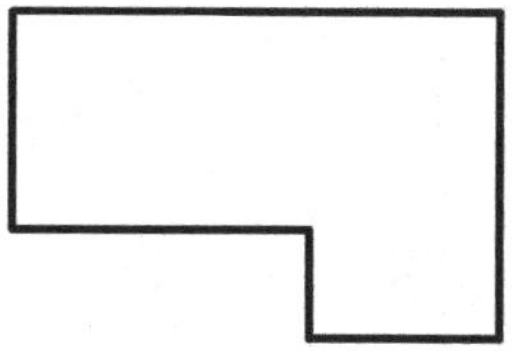

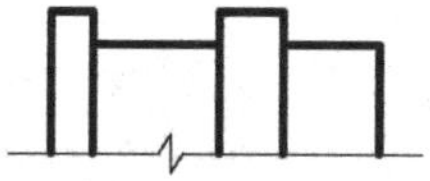

(标注上方尺寸)

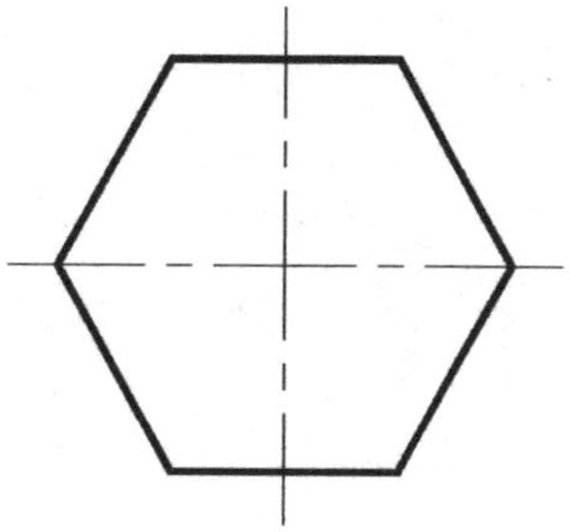

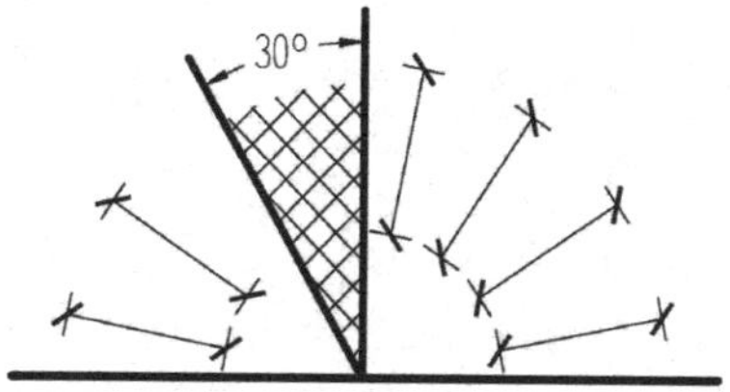
30°

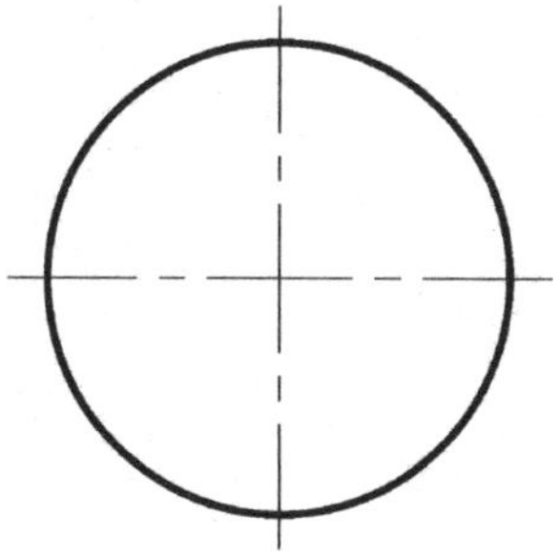

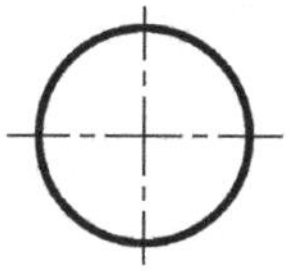

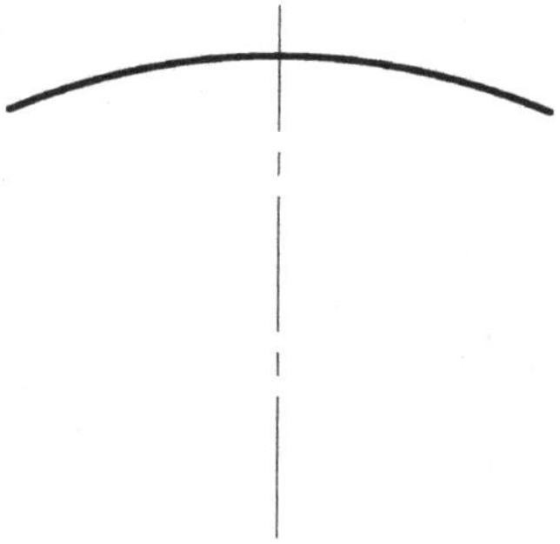

(半径为60)

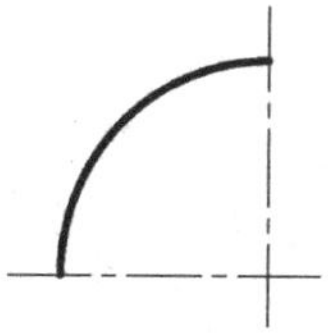

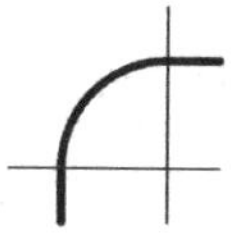

学生可沿此线剪下上交

1-8　找出上图尺寸标注中的错误，将正确的改在下图中。

1.

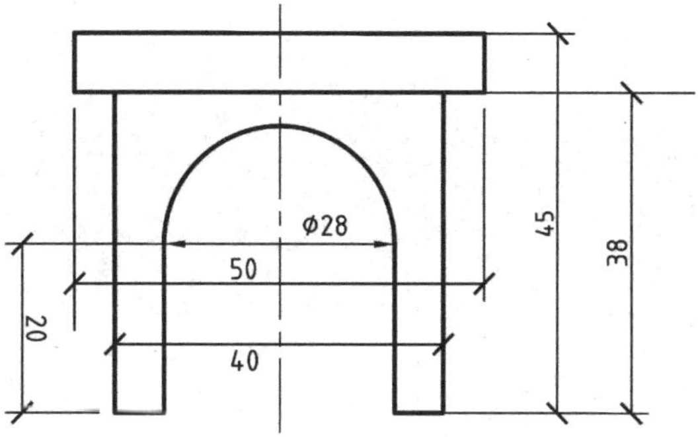
ϕ28
50
45
38
20
40

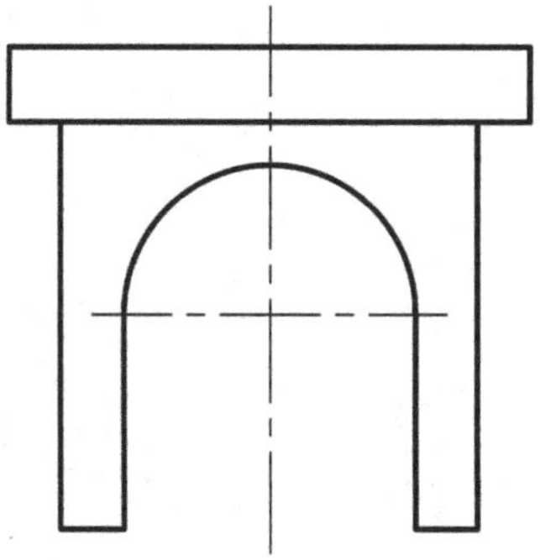

2.

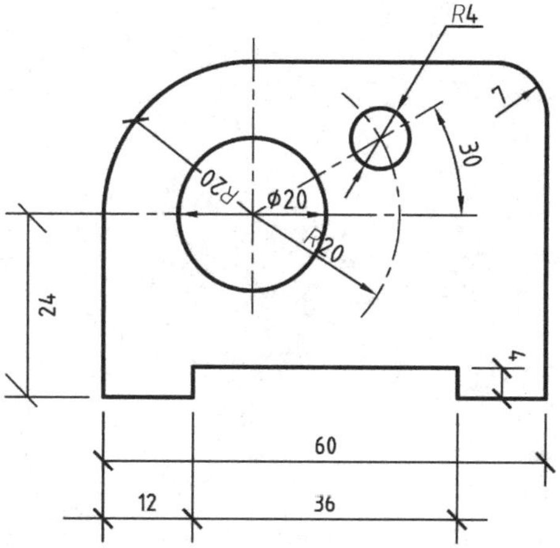
R4
7
30
R20
ϕ20
R20
24
4
60
12
36

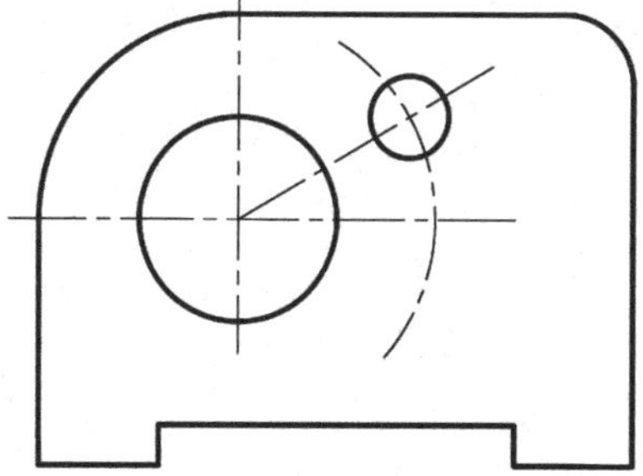

学生可沿此线剪下上交

1-9　几何作图。

1．作圆的内接正三角形。

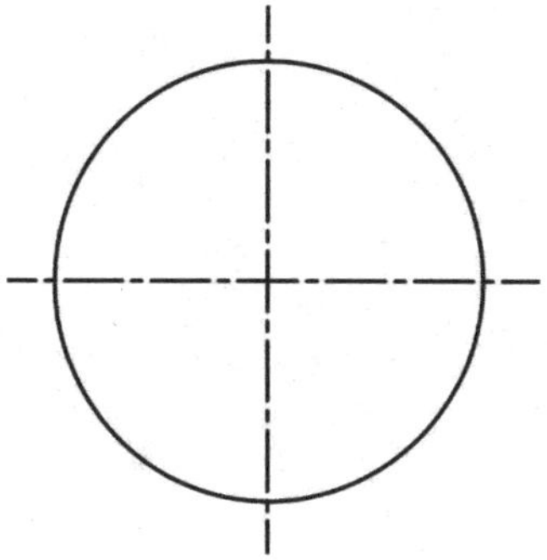

2．以线段 *AB* 的长为边长作正六边形。

A
B

3．作五角星内接于圆。

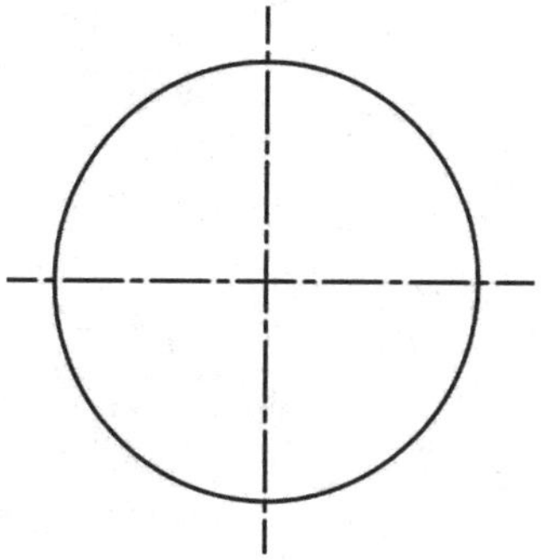

4．按例图完成台阶的图形(各级台阶的高度和宽度均分别相等)。

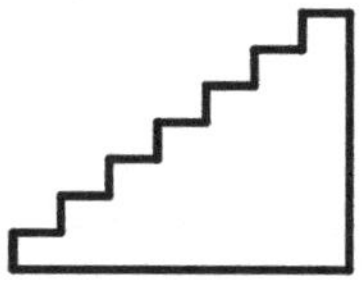

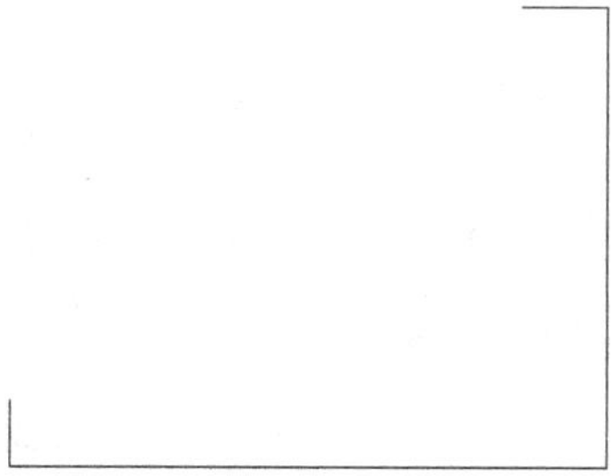

5．按例图样式完成路堤断面图并标注坡度(顶面宽度为 *B*，边坡坡度为 1∶1.5)。

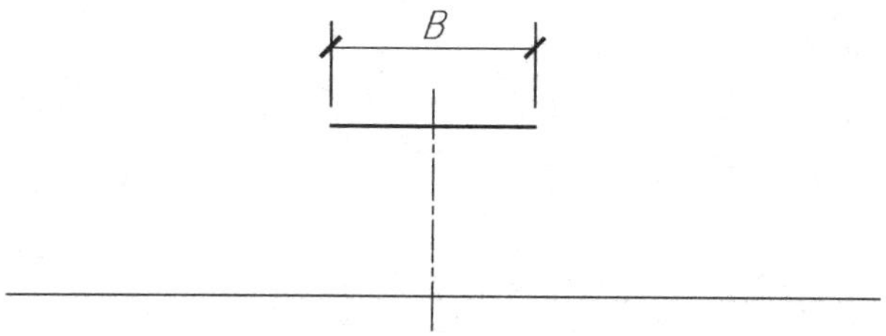
B

学生可沿此线剪下上交

1-9　几何作图。

6. 用四心圆弧法画椭圆(长、短轴分别为 60mm、40mm)。

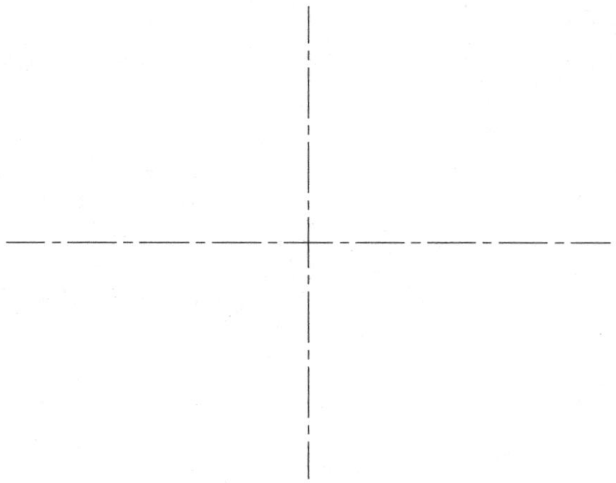

7. 根据已知半径作圆弧连接两已知直线。

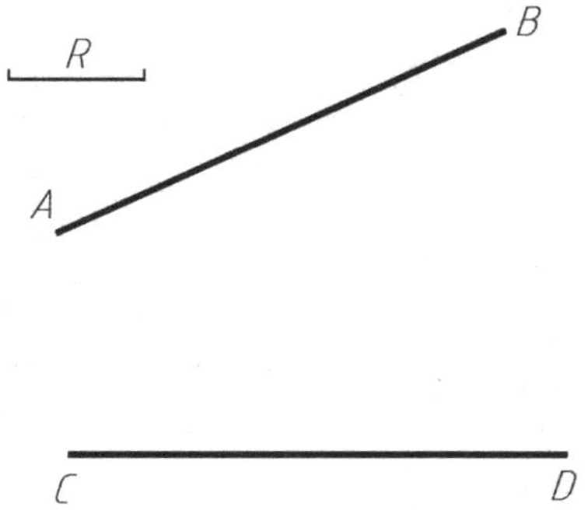
R
A
B
C
D

8. 用已知半径作圆弧分别与两已知圆弧内、外连接。

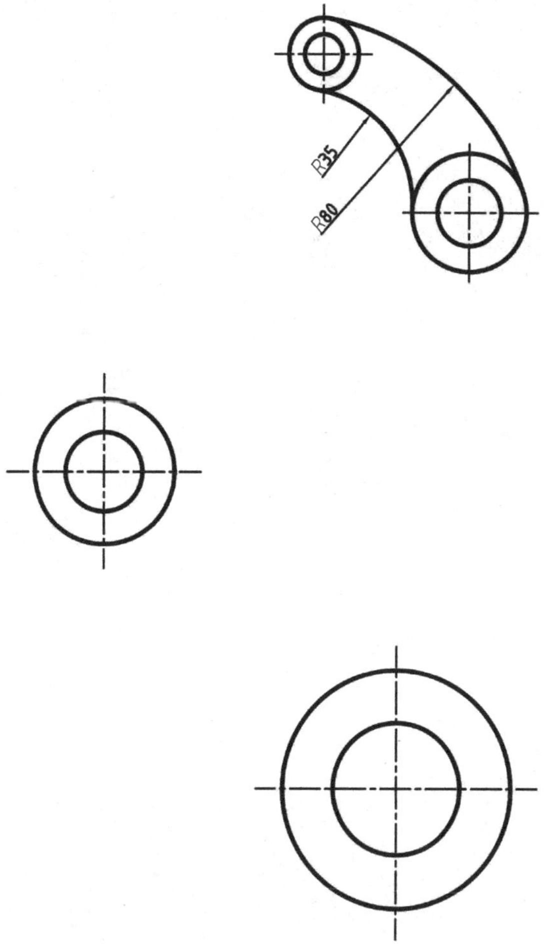
R35
R80

1-9 几何作图

6. 用四心圆法画椭圆(长、短轴分别为60mm、40mm)

5. 用已知半径作圆弧分别与两已知圆弧内、外连接。

7. 根据已知半径作圆弧连接两已知直线。

学生可沿此线剪下上交

1-10　平面图形的画法。

1．目的

(1) 熟悉国家制图标准中有关图幅、图线、字体及尺寸标注等方面的有关规定。

(2) 学会正确使用绘图工具、仪器的方法。

(3) 掌握平面图形的画图方法与步骤。

2．要求

(1) 线型分明，图线连接光滑，作图准确，图面整洁。

(2) 绘图时要严格遵守制图标准的各项规定，如有不详之处必须查阅相关标准。

3．作业内容

抄绘：(1)花池栏杆；(2)路徽；(3)吊钩。在三张图中任选一张绘制并标注尺寸。

4．作业指导

(1) 图纸：A4 幅面绘图纸(竖放)。

(2) 铅笔：准备 2H、HB、B 三种型号的铅笔，打底稿用 2H 型铅笔，描深用 HB 或 B 型铅笔，写字用 HB 型铅笔。

(3) 图线：建议图线的基本线宽(粗实线的线宽)*b* 用 0.7mm 或 0.5mm，其余各类线型的线宽应符合线宽比例规定，同类图线应均匀一致，不同类图线应线型、粗细分明。

(4) 字体：汉字用仿宋体，字母、数字用标准字体书写。建议标题栏中的图名和校名用 7 号字；其余文字用 5 号字。

5．绘图步骤(以花池栏杆为例)

(1) 先画基准线(左右对称线和底边)和已知线段(尺寸为 50 的直线段、ϕ50 的圆等)。

(2) 画中间线段(*R*125 的圆弧)。

(3) 画连接线段(*R*50、*R*115 的圆弧)。

(4) 检查无误后描深图线并标注尺寸。

(5) 填写标题栏中的图名、校名、比例等内容。

(1) 花池栏杆(比例 1∶2)。

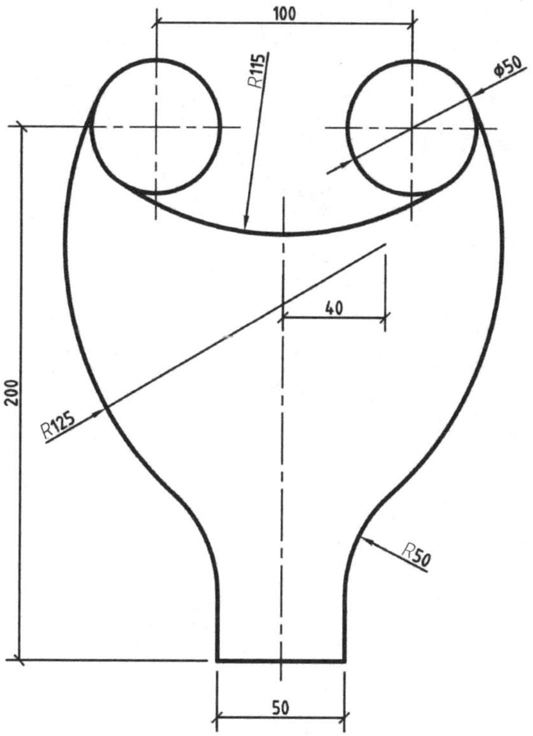
100
R115
ϕ50
40
200
R125
R50
50

班级______________ 学号________ 姓名______________

学生可沿此线剪下上交

1-10　平面图形的画法。

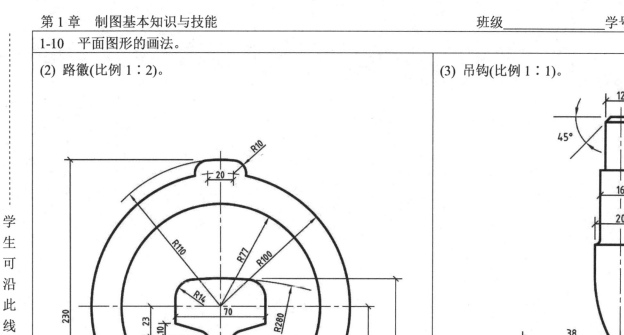

(2) 路徽(比例 1∶2)。

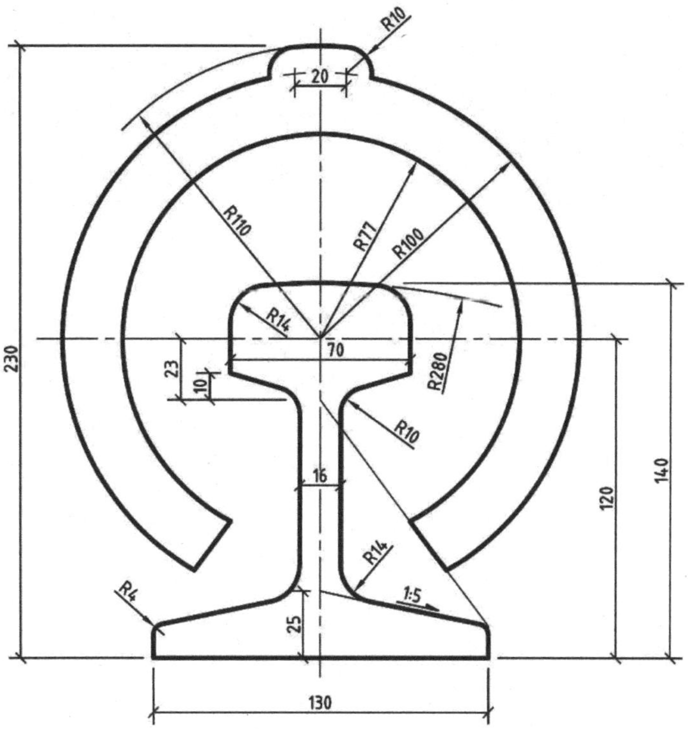
R10
20
R110
R77
R100
R14
70
R280
23
10
230
R10
16
R14
1:5
R4
25
120
140
130

(3) 吊钩(比例 1∶1)。

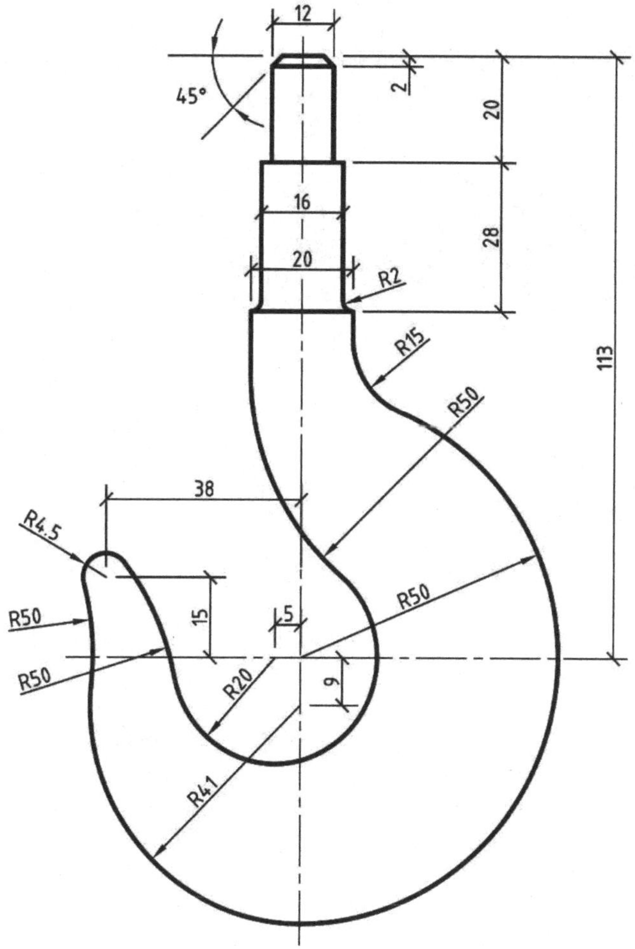
12
45°
2
20
16
28
20
R2
R15
113
R50
38
R4.5
15
5
R50
R50
R50
R20
9
R41

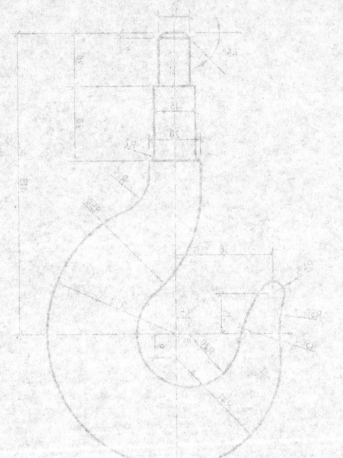

学生可沿此线剪下上交

1-11　徒手绘图(凭目测按大致比例画出下列图形)。

1.

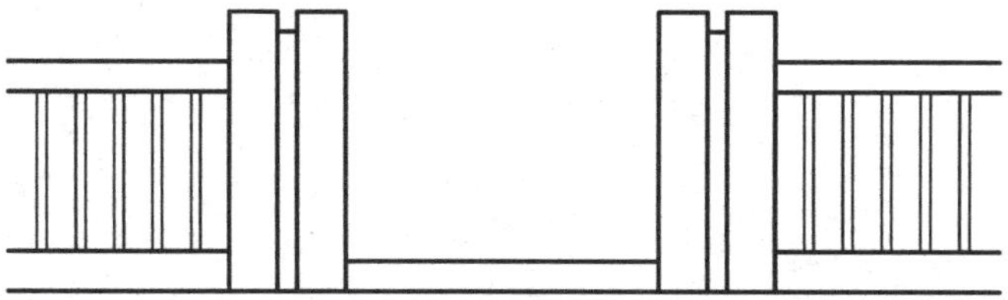

2.

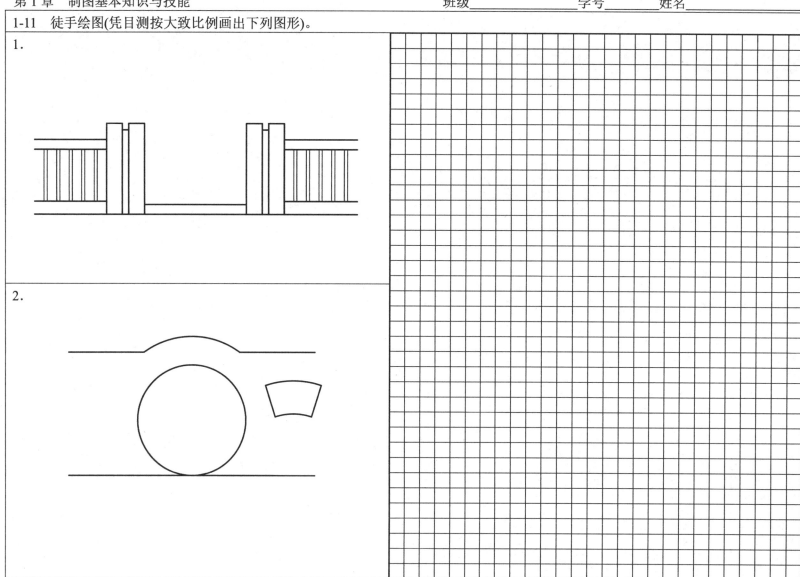

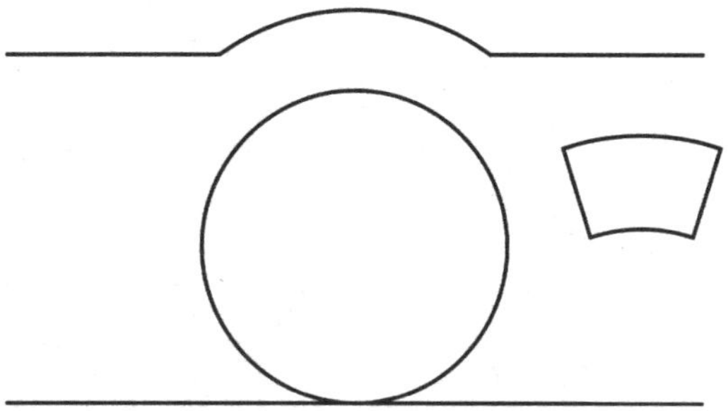

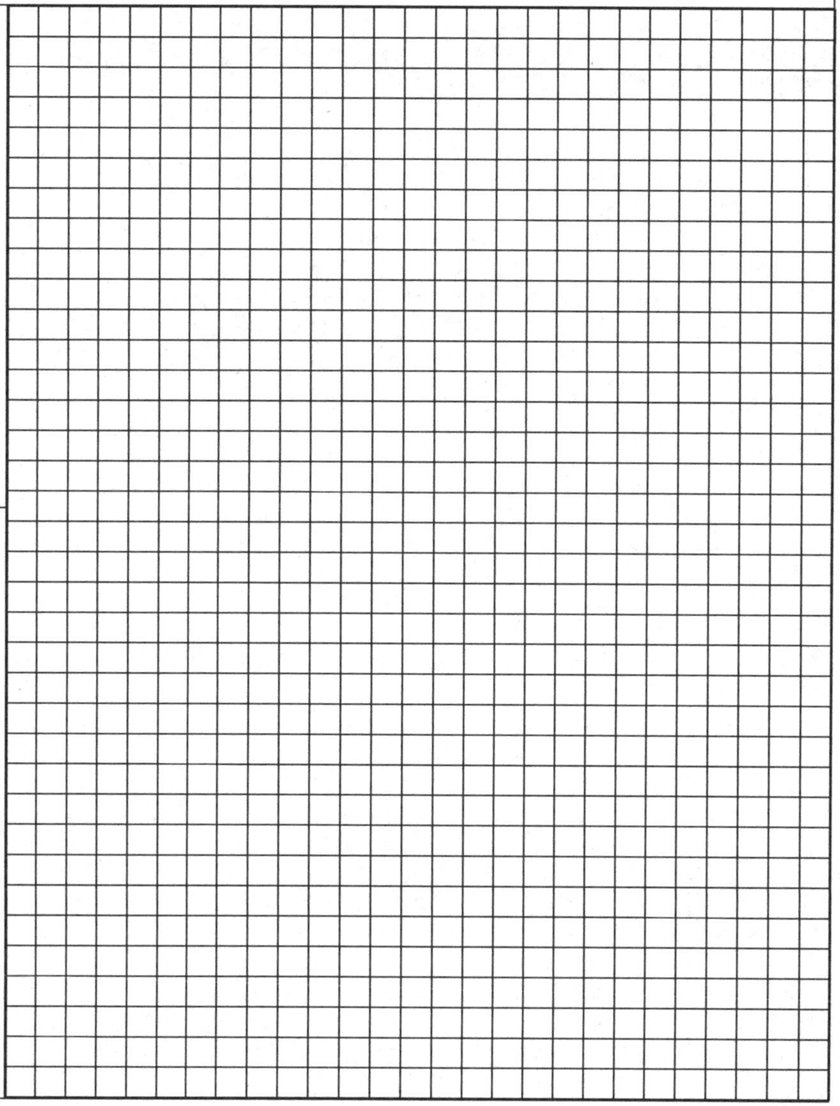

学生可沿此线剪下上交

1-11　徒手绘图(凭目测按大致比例画出下列图形)。

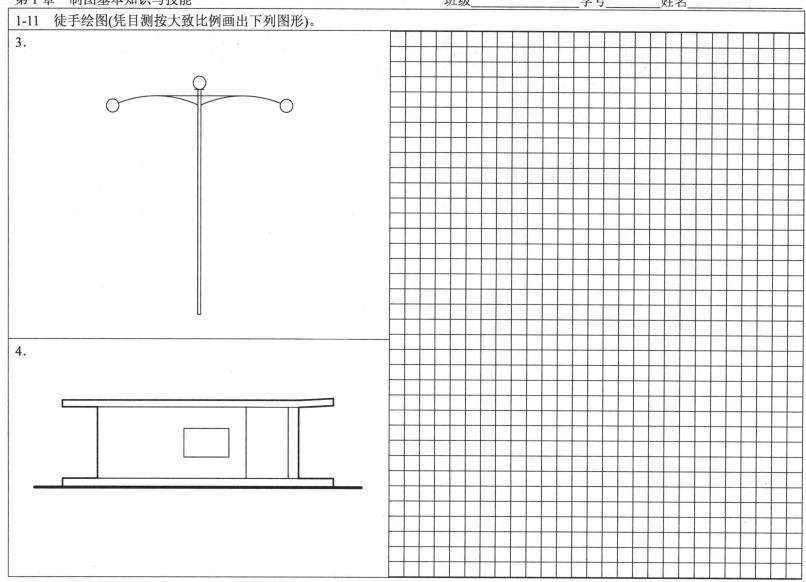

3.

4.

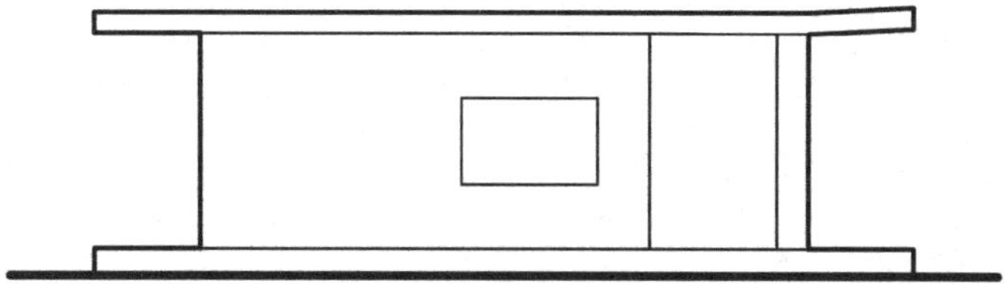

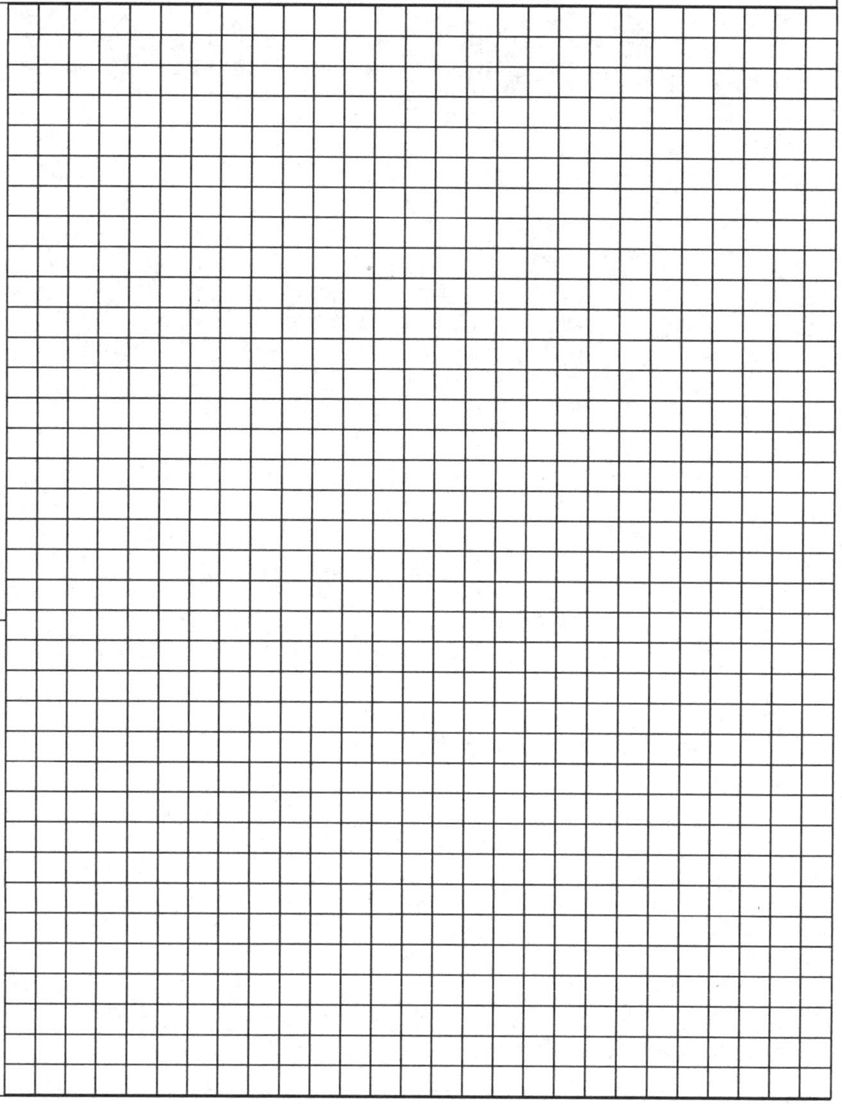

学生可沿此线剪下上交

2-1　投影图与立体图对照编号。

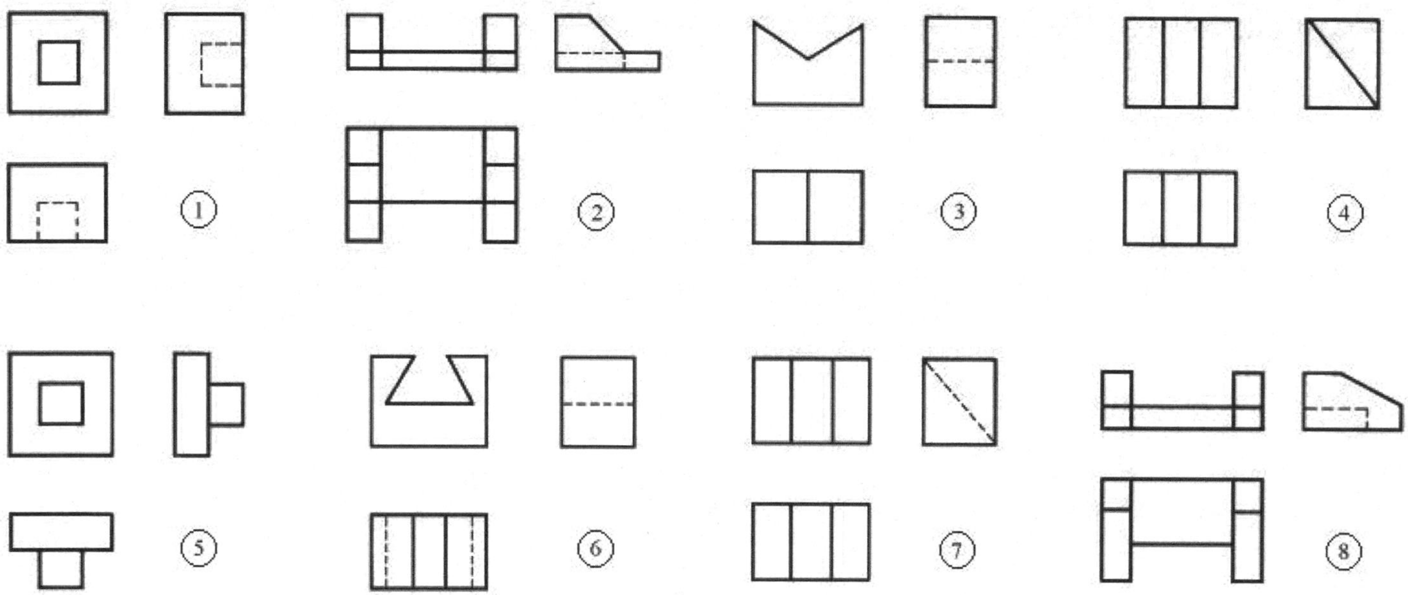
①
②
③
④
⑤
⑥
⑦
⑧

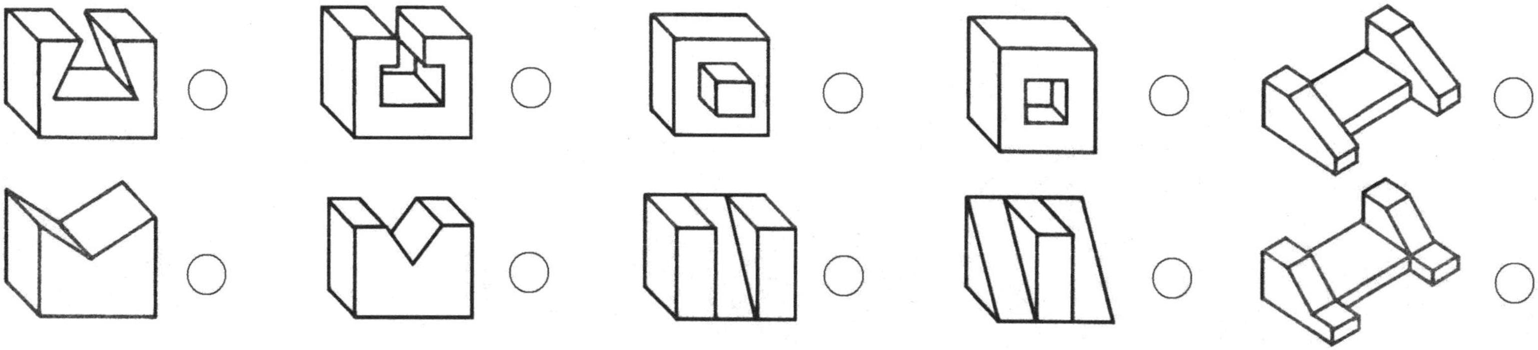

　　班级________　学号______　姓名________

学生可沿此线剪下上交

2-2　根据两面投影图和立体图，找出正确的第三面投影图(在相应的括号内打“√”)。

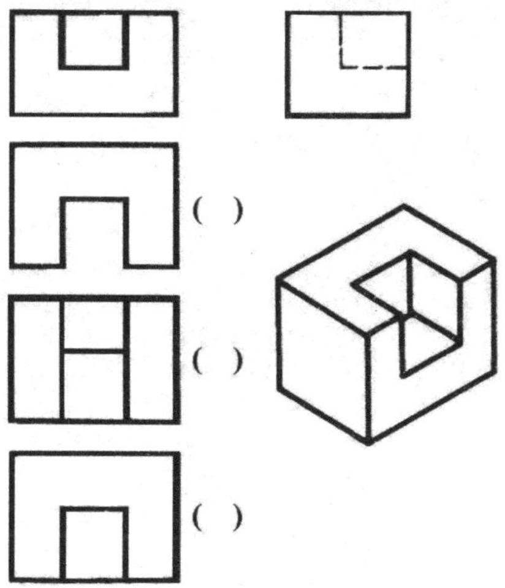

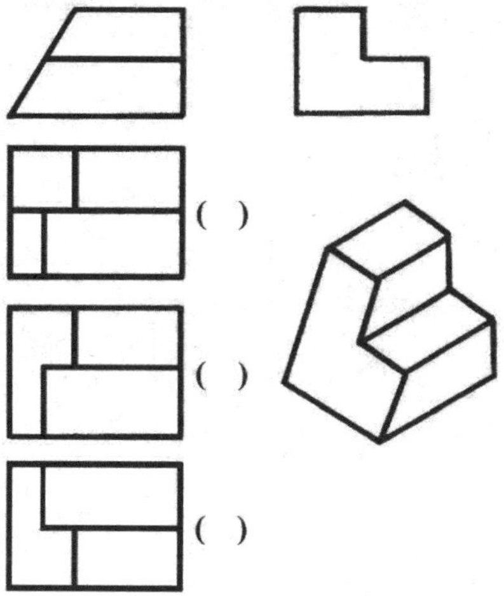

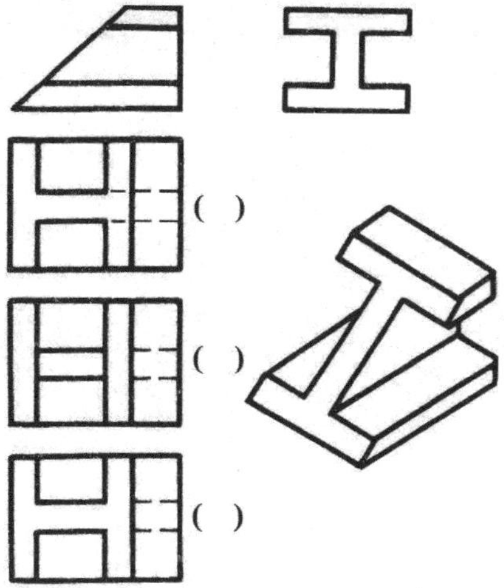

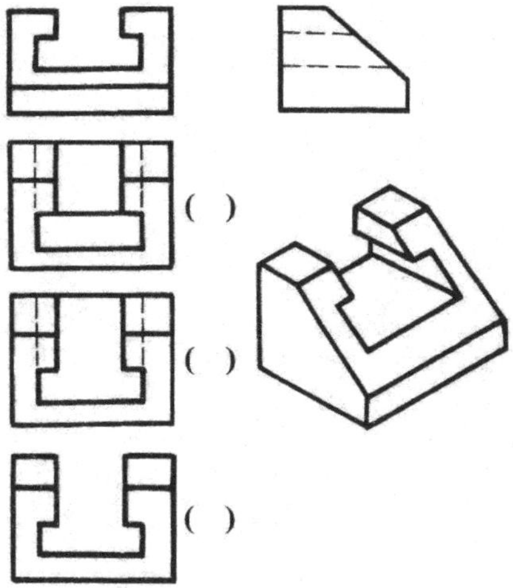

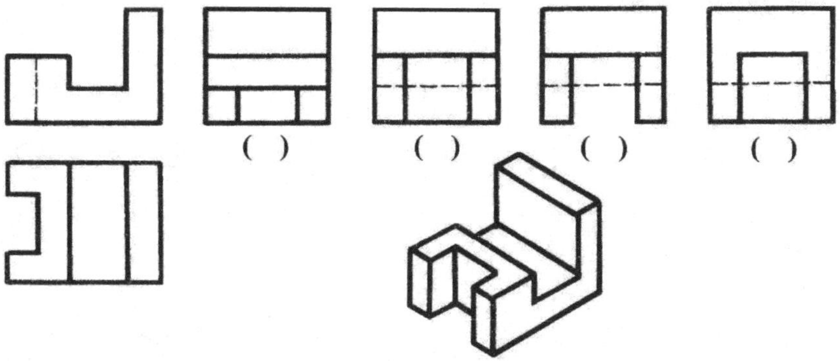

班级＿＿＿＿＿＿＿学号＿＿＿＿姓名＿＿＿＿＿＿＿＿＿

2-3　补齐投影图中的漏线。

1.

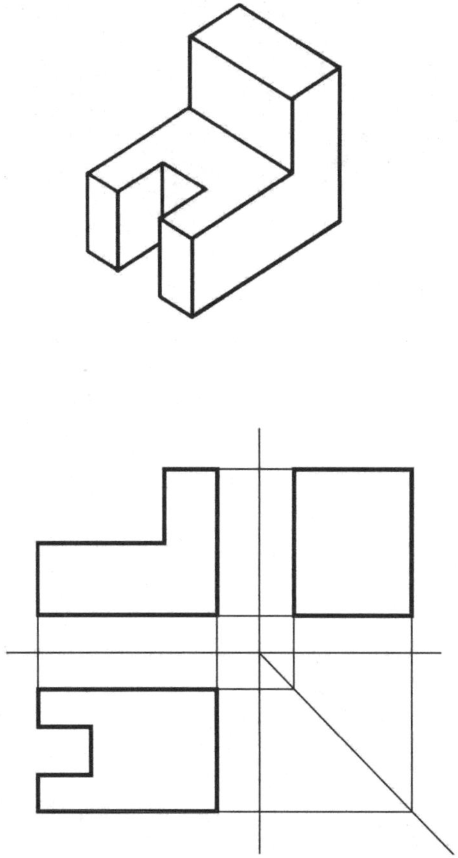

2.

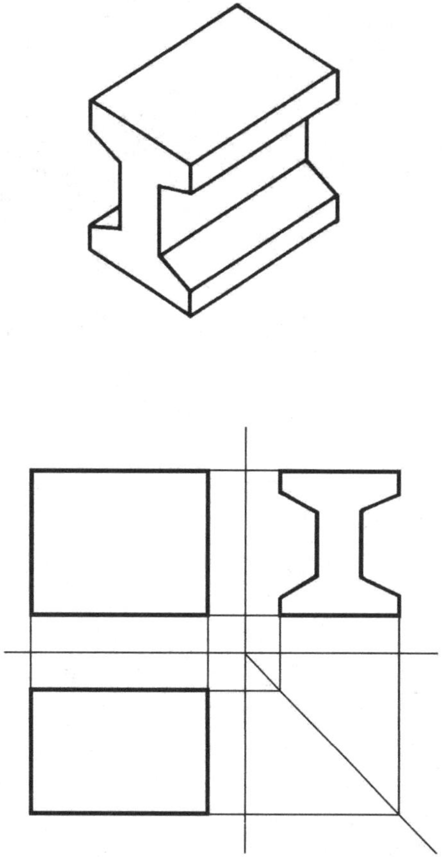

3.

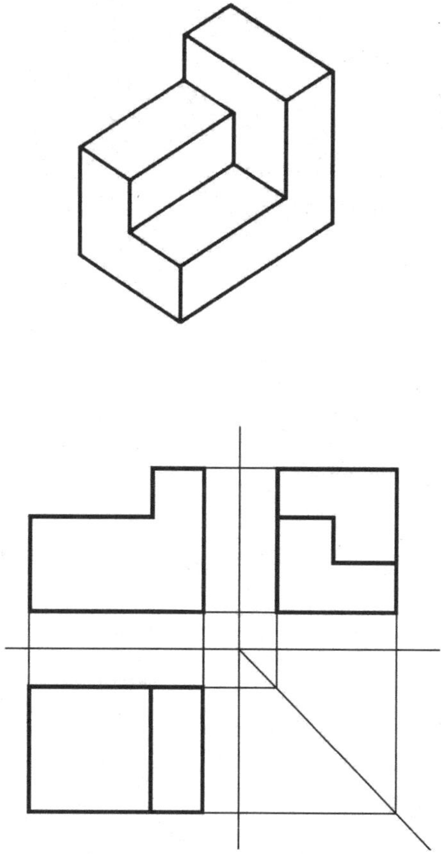

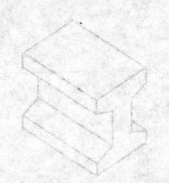

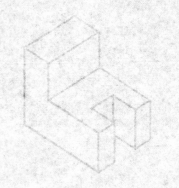

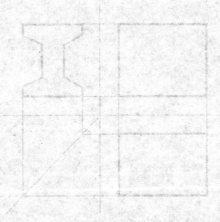

班级________ 学号________ 姓名________

2-4　已知 *A*、*B*、*C* 三点的空间位置，试作出其两面投影。

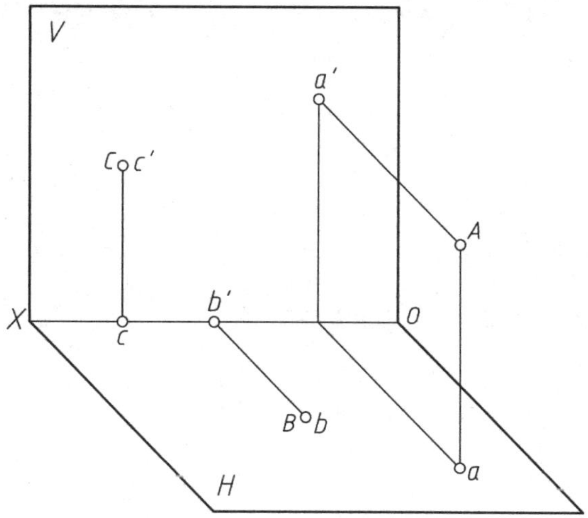
V
a′
C
c′
A
X
c
b′
O
B
b
a
H

X
O

2-5　已知 *A*、*B*、*C* 三点的空间位置，试作出其三面投影。

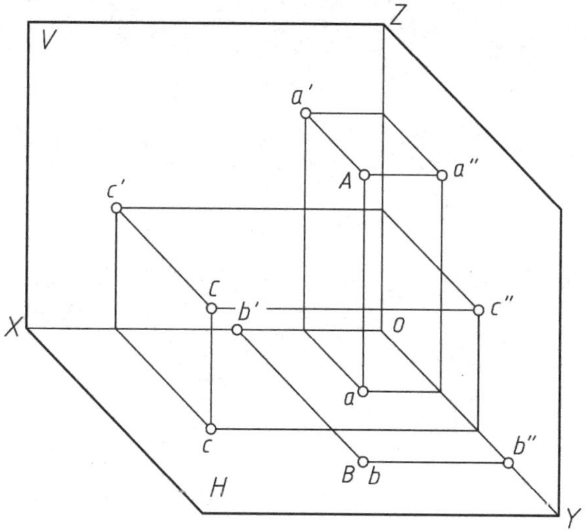
Z
V
a′
A
a″
c′
C
b′
c″
X
O
a
c
b″
B
b
H
Y

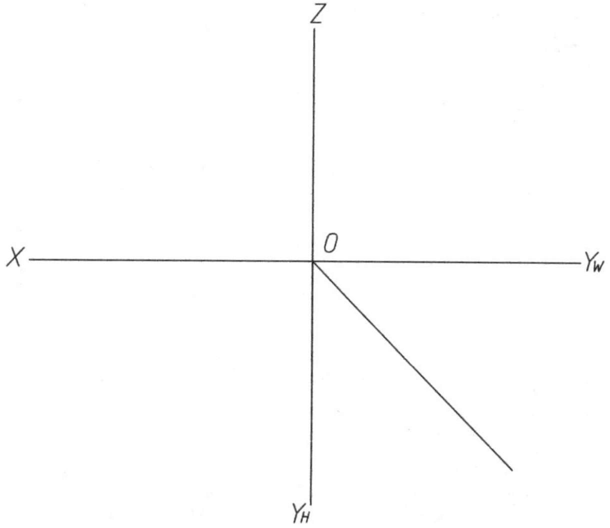
Z
O
X
Y_W
Y_H

学生可沿此线剪下上交

学生可沿此线剪下上交

2-6　对照立体图，在三面投影图中注明 *A*、*B*、*C* 三点的三面投影。

1.

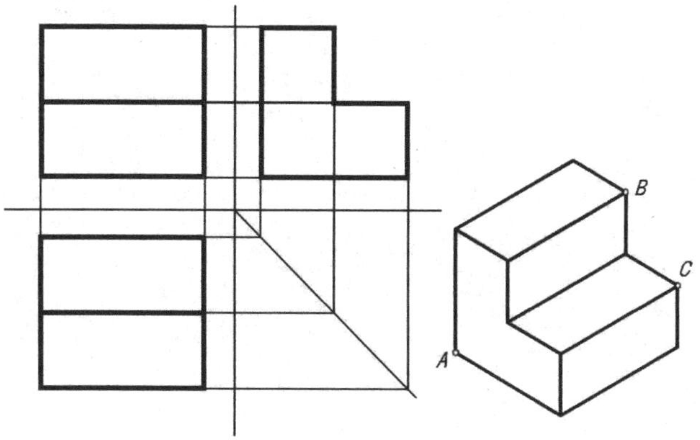

B
C
A

2.

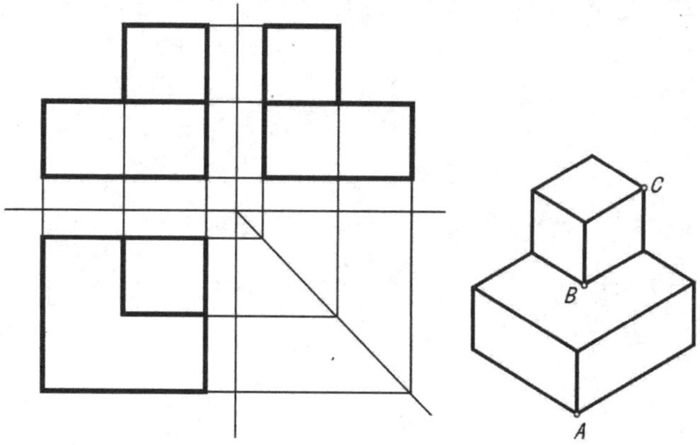

C
B
A

3.

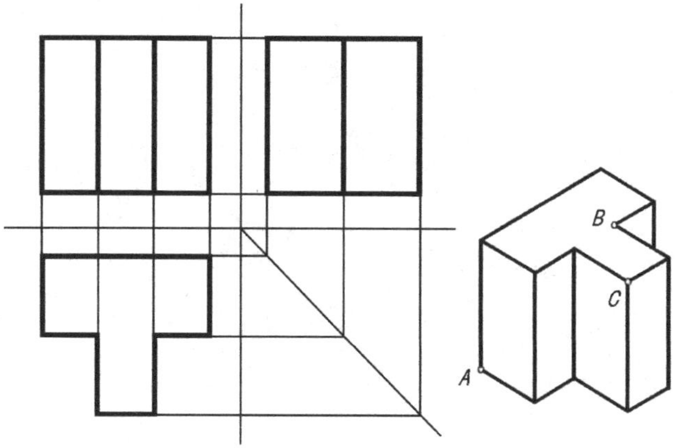

B
C
A

4.

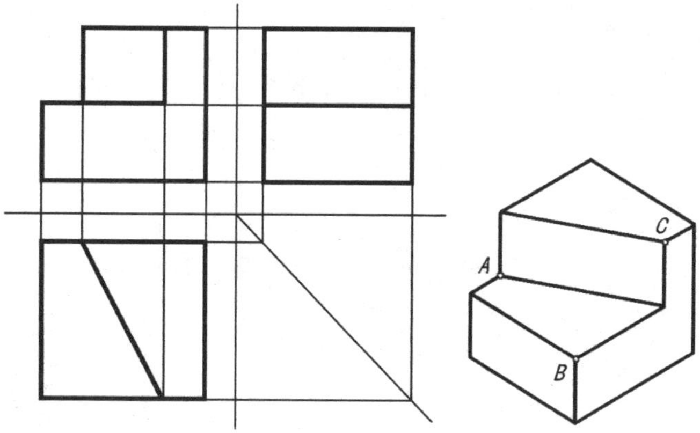

C
A
B

2-6　对照立体图，在三面投影图中注明A、B、C三点的三面投影。

1.

2.

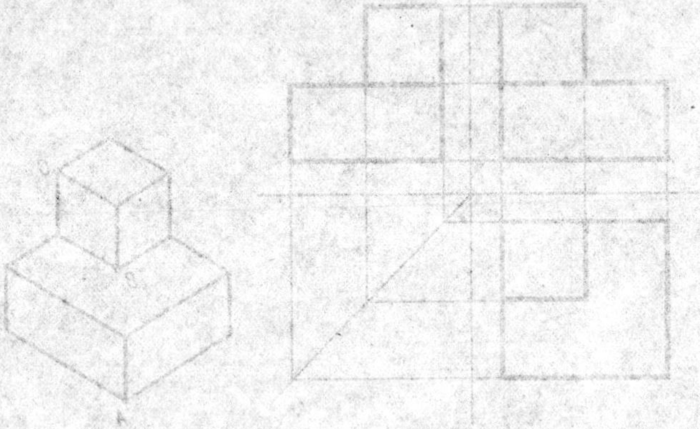

3.

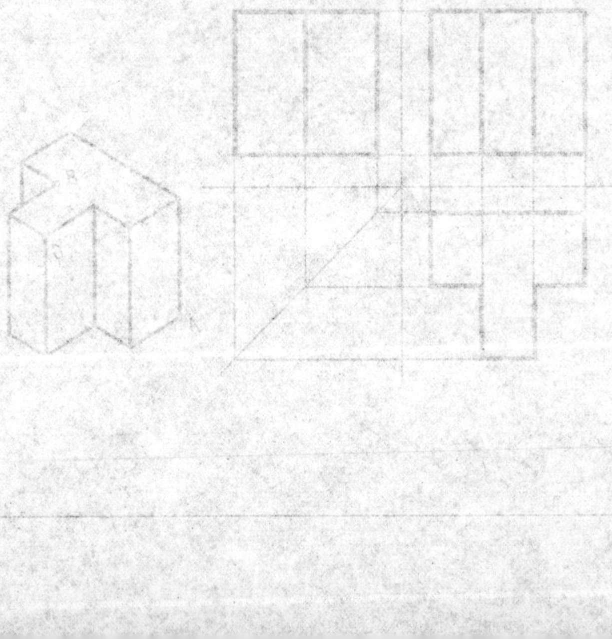

4.

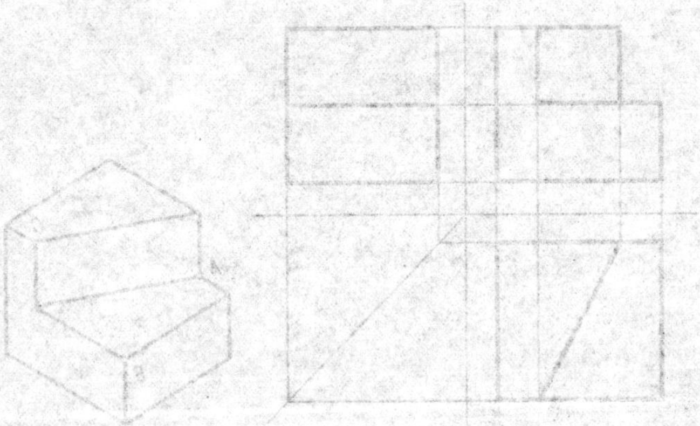

班级______________学号________姓名______________

学生可沿此线剪下上交

2-7　已知 A、B、C 三点的两面投影，求各点的第三面投影。

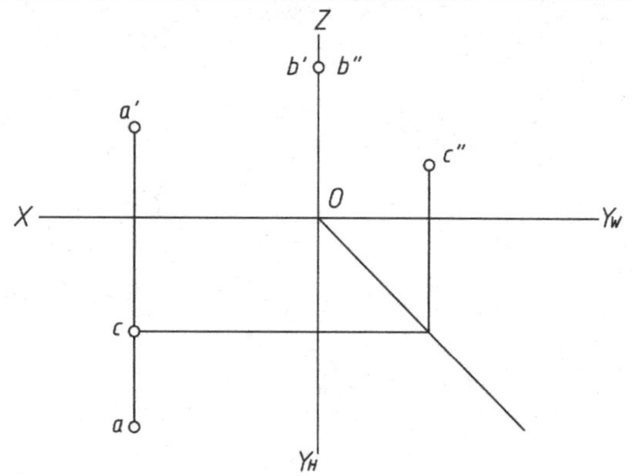
Z
b′
b″
a′
c″
X
O
Y_W
c
a
Y_H

2-8　已知点 A 的坐标(10,5,15)，又知点 B 距离点 A 的左侧 15、前方 10、下方 5，点 C 距投影面 W、V、H 面的距离分别为 20、10、15，试求各点的三面投影。

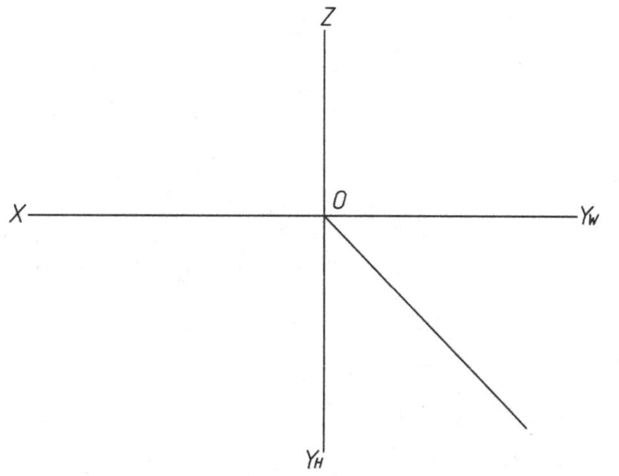
Z
X
O
Y_W
Y_H

2-9　已知 A、B、C 三点的两面投影，试求各点的第三面投影，并在表中填入各点到投影面的距离(尺寸由图上量取，取整数)。

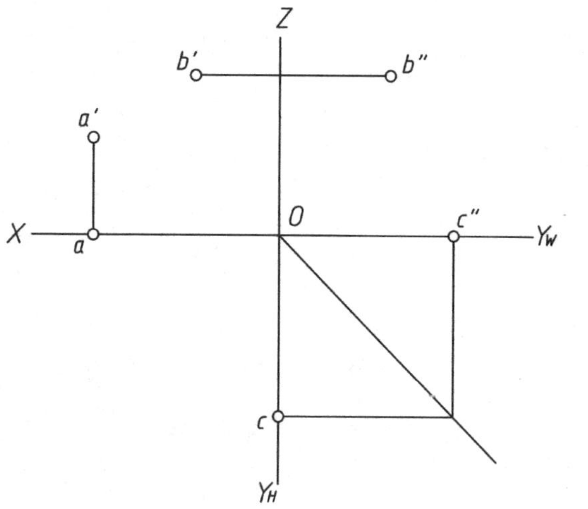
Z
b′
b″
a′
X
a
O
c″
Y_W
c
Y_H

已知点	到 H 面距离	到 V 面距离	到 W 面距离
A			
B			
C			

班级__________学号________姓名__________

学生可沿此线剪下上交

2-10　在下列投影图中，试标出立体图上所注直线段的三面投影，并判断其空间位置。

1.

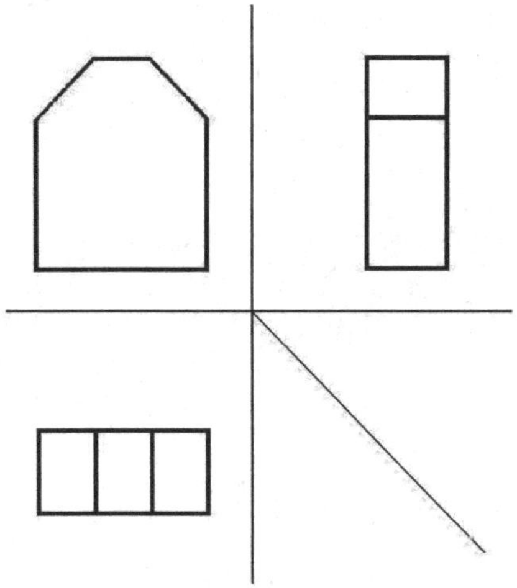

AB 正垂线

BC ________

CD ________

BE ________

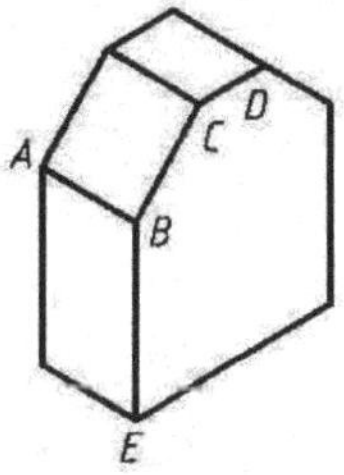

A
B
C
D
E

2.

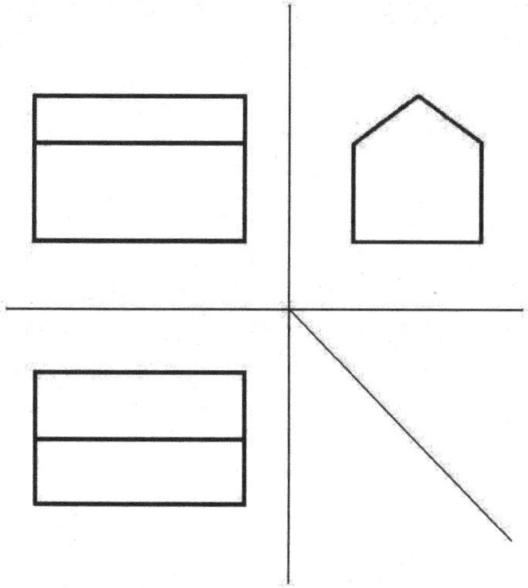

AB ________

BC ________

BD ________

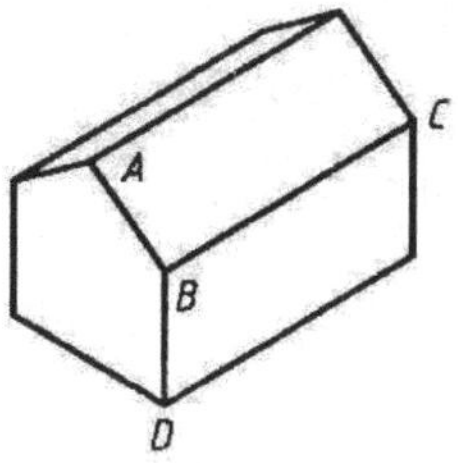

A
B
C
D

3.

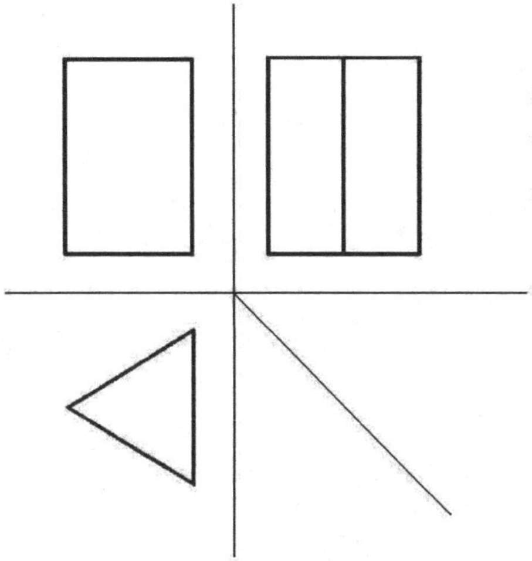

AB ________

BD ________

CA ________

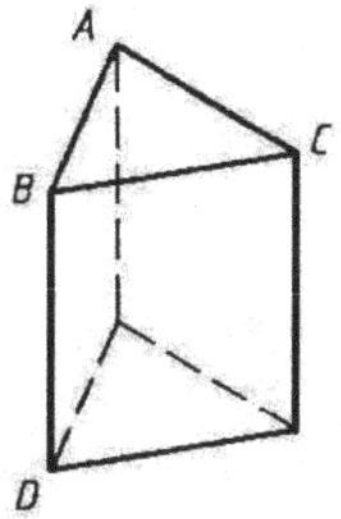

A
B
C
D

4.

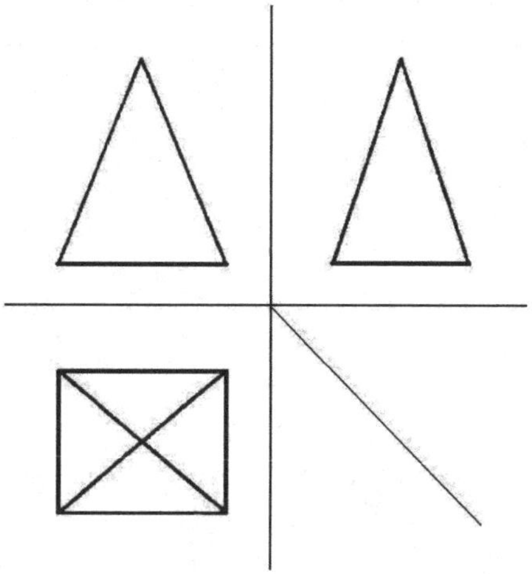

AB ________

BC ________

CD ________

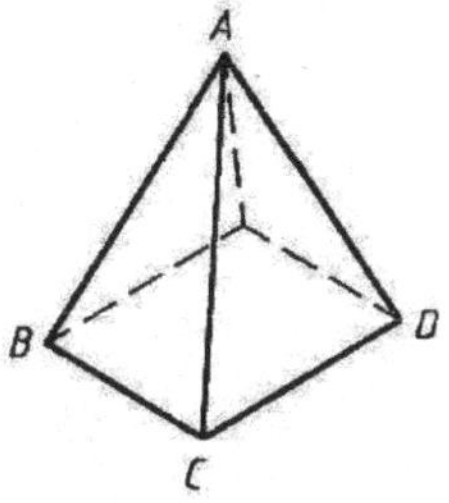

A
B
C
D

学生可沿此线剪下上交

2-11　求下列各直线的第三面投影，并判断其空间位置。

1.

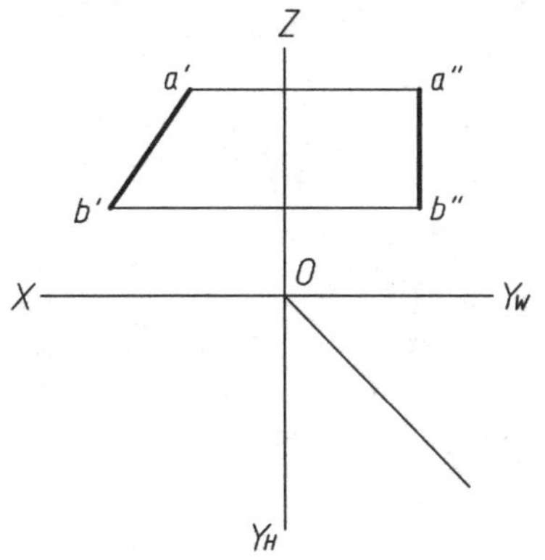

Z
a′
a″
b′
b″
X
O
Y_W
Y_H

AB 是________线

2.

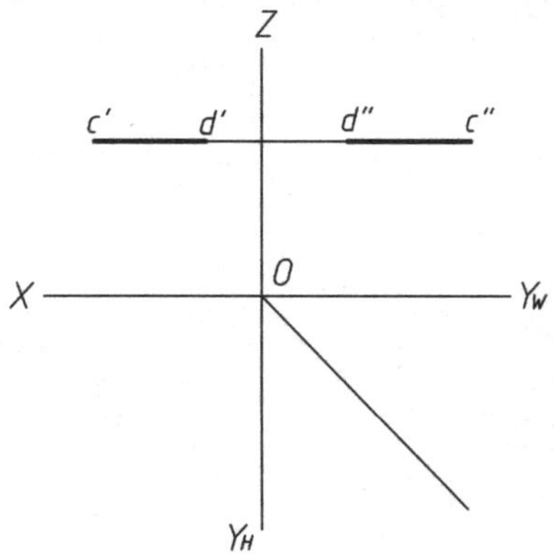

Z
c′
d′
d″
c″
X
O
Y_W
Y_H

CD 是________线

3.

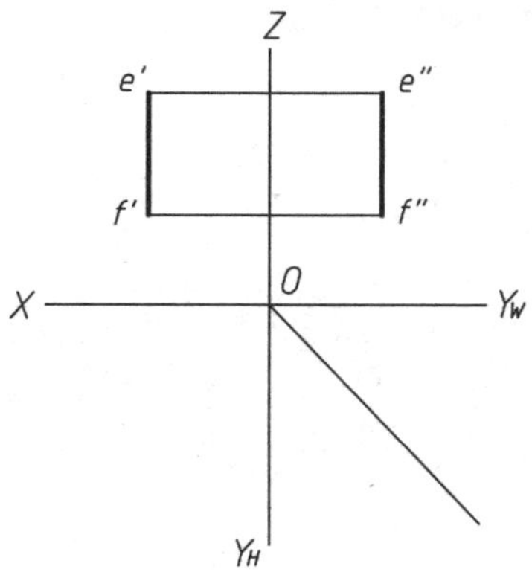

Z
e′
e″
f′
f″
X
O
Y_W
Y_H

EF 是________线

4.

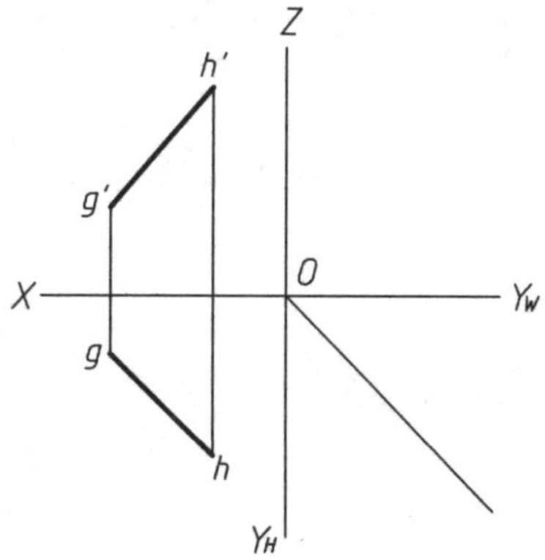

Z
h′
g′
X
O
Y_W
g
h
Y_H

GH 是________线

2-12　已知直线 *AB* 的两面投影：(1) 求其第三面投影；(2) 设直线 *AB* 上一点 *C* 距 *H* 面为 15，求点 *C* 的三面投影。

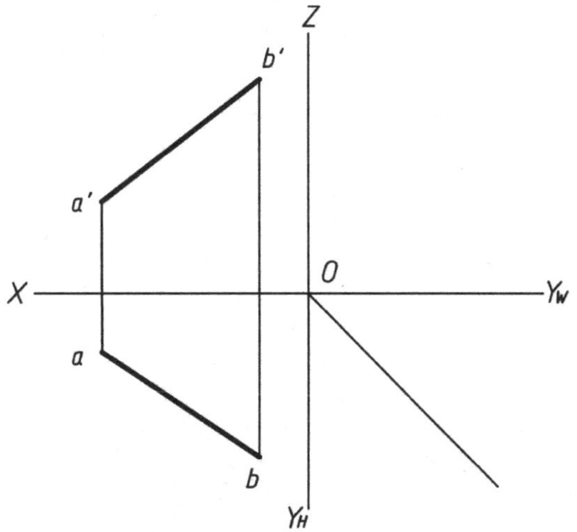

Z
b′
a′
X
O
Y_W
a
b
Y_H

2-13　已知直线 *AB* 的两面投影，设直线 *AB* 上一点 *C* 将 *AB* 分成 2∶3，求点 *C* 的三面投影。

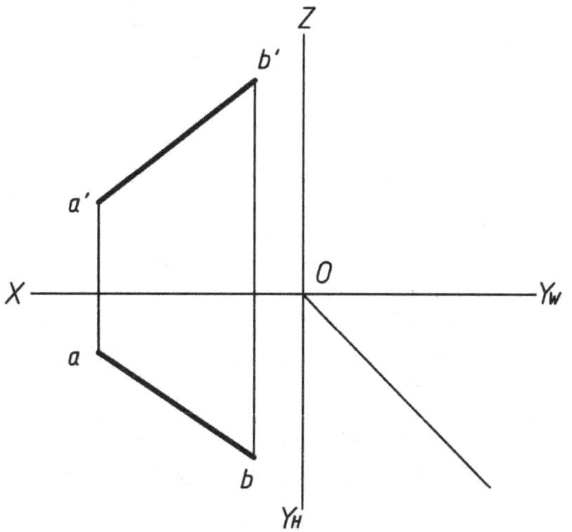

Z
b′
a′
X
O
Y_W
a
b
Y_H

学生可沿此线剪下上交

2-14　求直线 *AB* 的实长以及对 *H* 面、*V* 面的倾角 α、β。	2-15　作水平线 *AB* 的三面投影。已知点 *A* 距 *H* 面为 15，距 *V* 面为 5，距 *W* 面为 10，*AB* 与 *V* 面夹角为 30°，实长为 20，点 *B* 在点 *A* 的左前方。
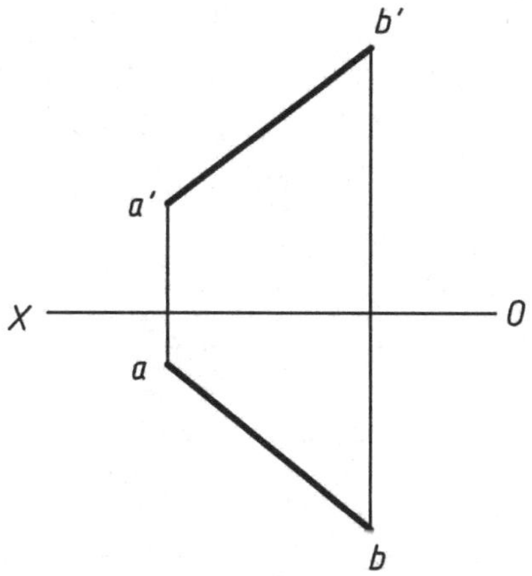b′ a′ X O a b	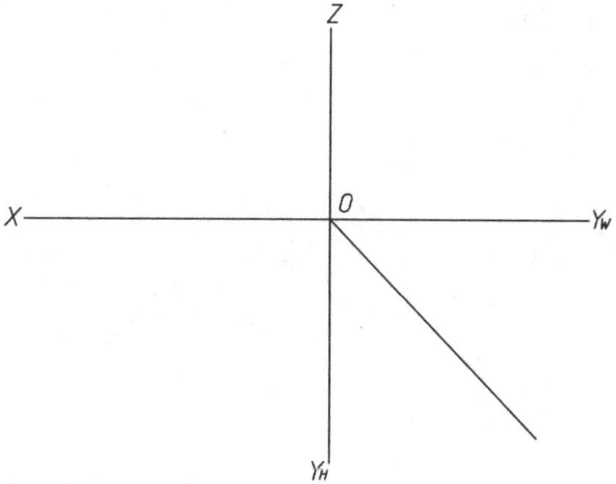Z X O Y_W Y_H
2-16　求直线 *CD* 对 *V* 面、*W* 面的倾角 β、γ。	2-17　在直线 *AB* 上求一点 *K*，使 *AK* 的实长为 15mm。
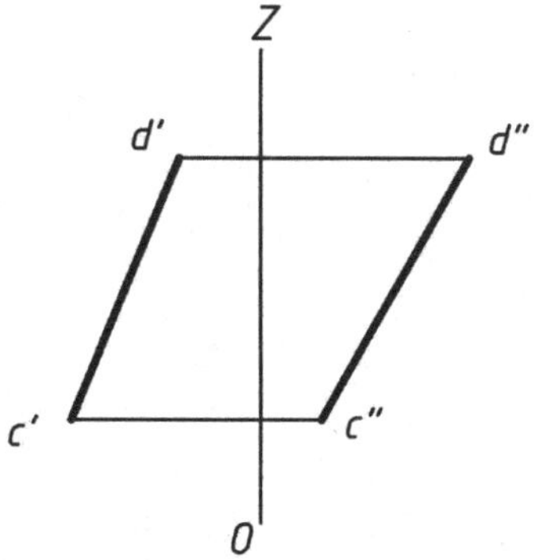Z d′ d″ c′ c″ O	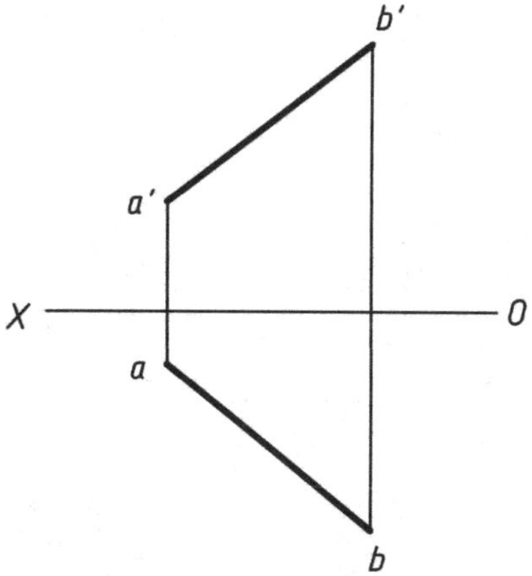b′ a′ X O a b

学生可沿此线剪下上交

2-18　在下列投影图中，试标出立体图上所注平面的三面投影，并判断各平面的空间位置。

1.

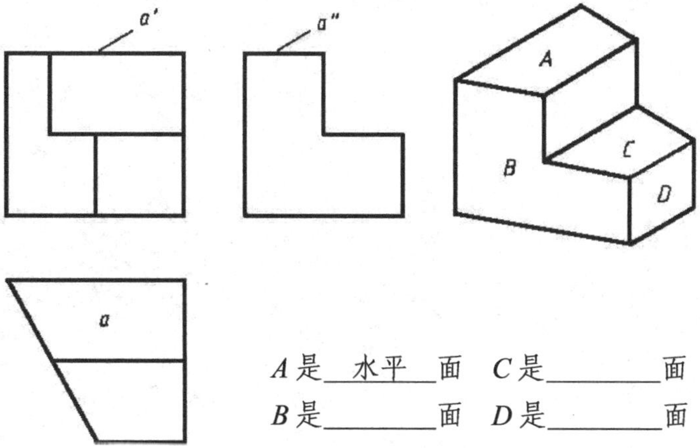
a'
a"
A
B
C
D
a

A 是　水平　面　*C* 是________面

B 是________面　*D* 是________面

2.

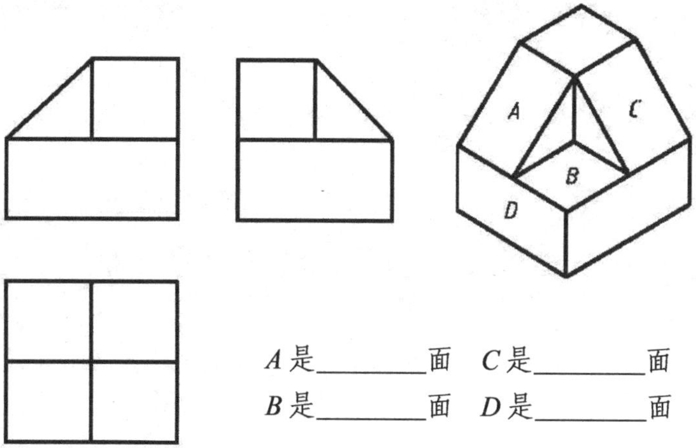
A
C
B
D

A 是________面　*C* 是________面

B 是________面　*D* 是________面

3.

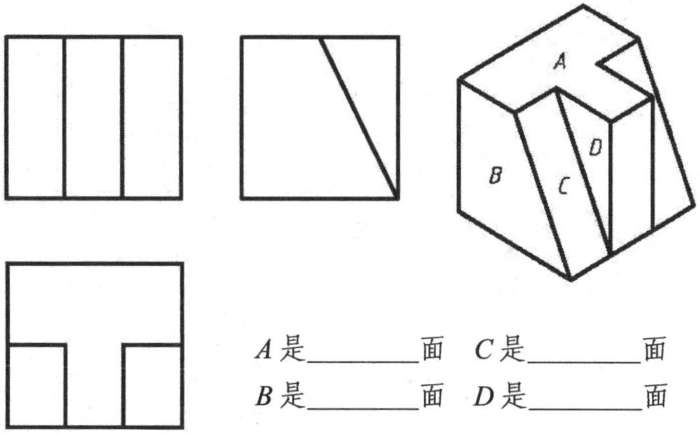
A
B
C
D

A 是________面　*C* 是________面

B 是________面　*D* 是________面

4.

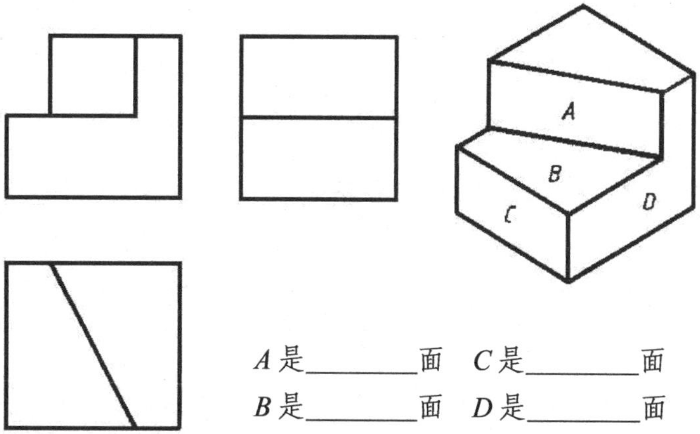
A
B
C
D

A 是________面　*C* 是________面

B 是________面　*D* 是________面

2-18　在下列投影图中，试标出立体图上所注平面的三面投影，并判断各平面的空间位置。

5.

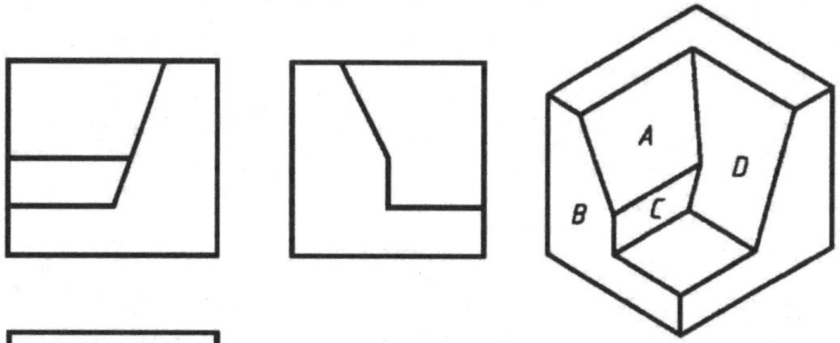
A
D
B
C

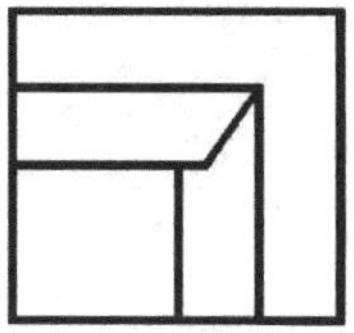

A 是________面　*C* 是________面

B 是________面　*D* 是________面

6.

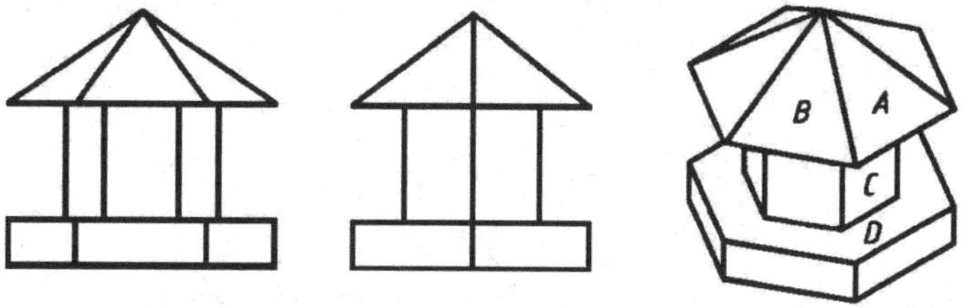
B
A
C
D

A 是________面　*C* 是________面

B 是________面　*D* 是________面

7.

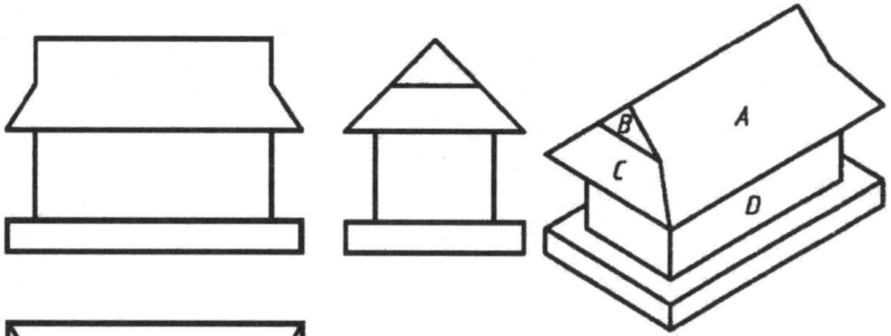
B
A
C
D

A 是________面　*C* 是________面

B 是________面　*D* 是________面

8.

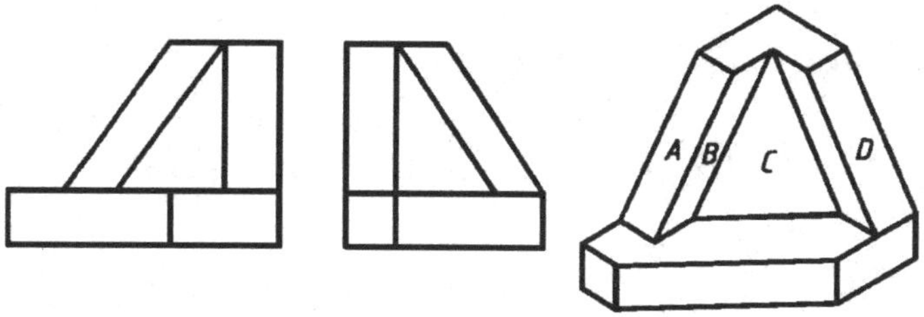
A
B
C
D

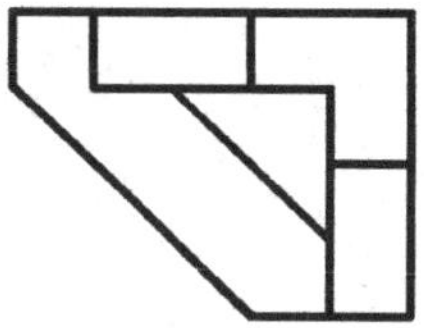

A 是________面　*C* 是________面

B 是________面　*D* 是________面

学生可沿此线剪下上交

2-19　判断下图中各平面的空间位置。

1.

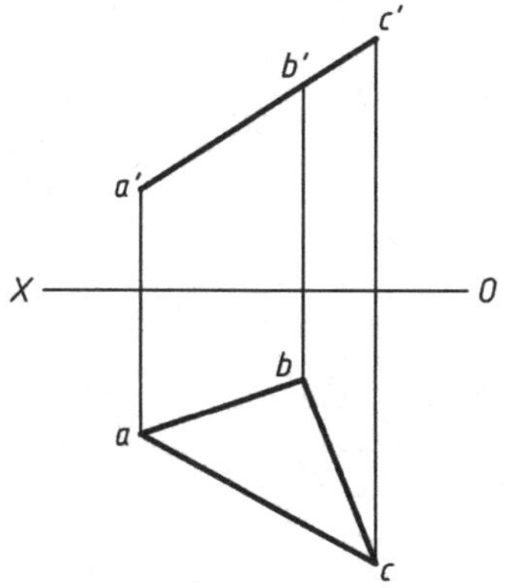
c′
b′
a′
X
O
b
a
c

△*ABC* 是__________面

2.

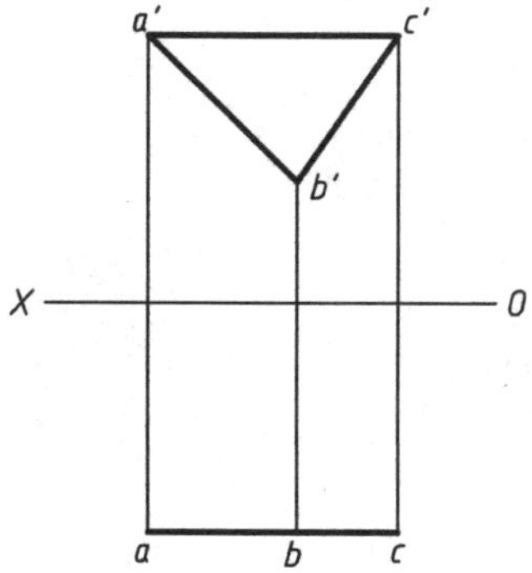
a′
c′
b′
X
O
a
b
c

△*ABC* 是__________面

3.

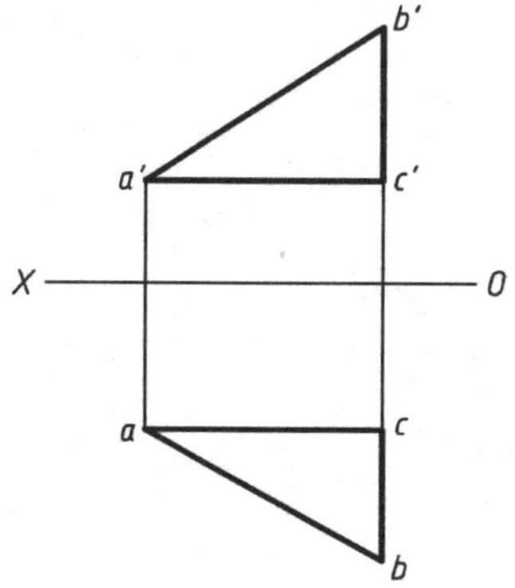
b′
a′
c′
X
O
a
c
b

△*ABC* 是__________面

4.

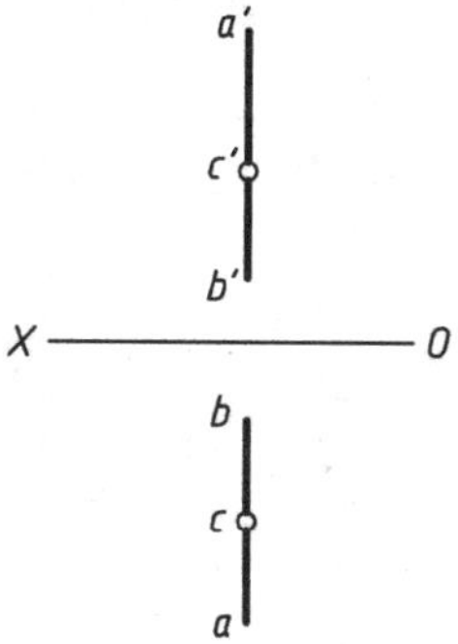
a′
c′
b′
X
O
b
c
a

△*ABC* 是__________面

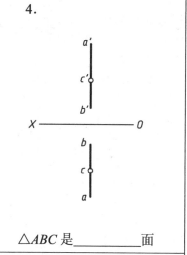

2-20　已知平面的两面投影，求其第三面投影。

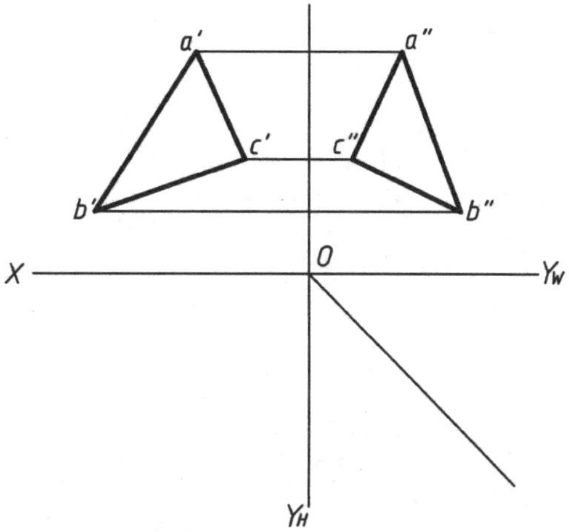
a′
a″
c′
c″
b′
b″
X
O
Y_W
Y_H

2-21　求平面上点 *K* 与点 *N* 的另一面投影。

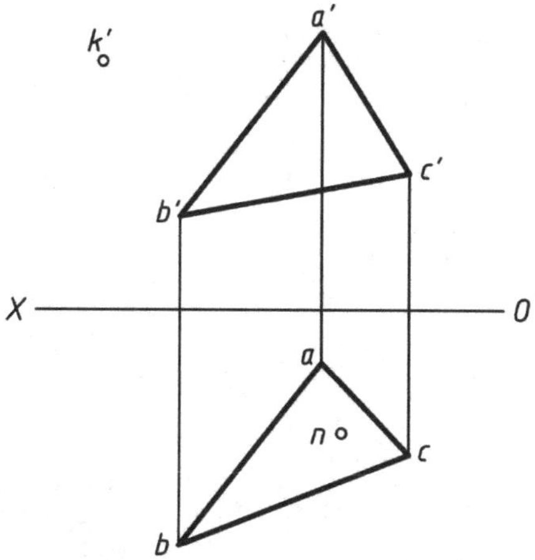
k′
a′
c′
b′
X
O
a
n
c
b

学生可沿此线剪下上交

2-22　完成平面图形 *ABCDE* 的水平投影。

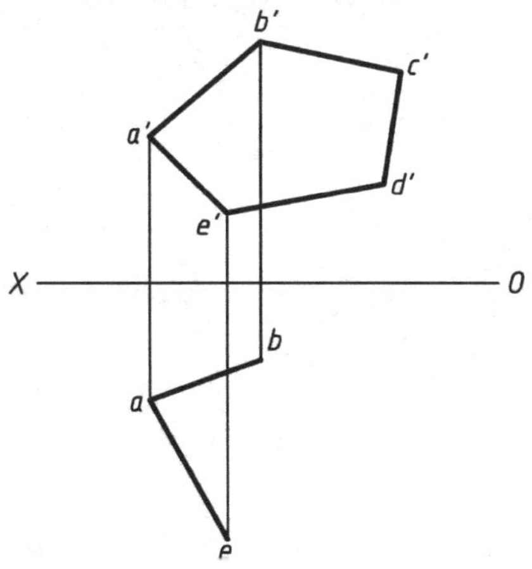
b′
c′
a′
d′
e′
X
O
b
a
e

2-23　已知 *AD* 为水平线，试求平面图形 *ABCD* 的正面投影。

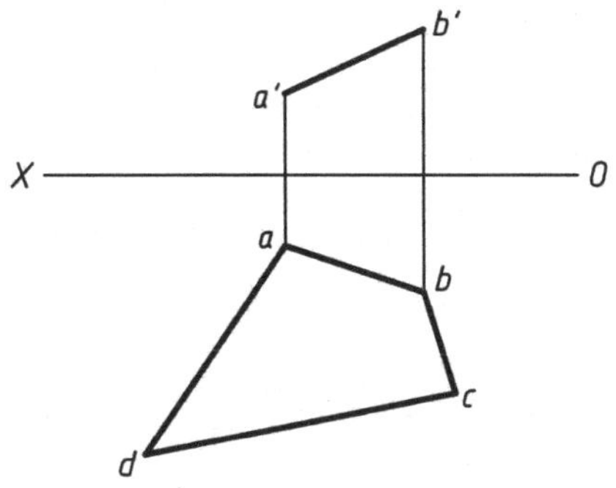
b′
a′
X
O
a
b
c
d

2-24　求平面图形 *ABCDEFGH* 的三面投影，并判断平面图形和直线 *EF*、*FG* 的空间位置。

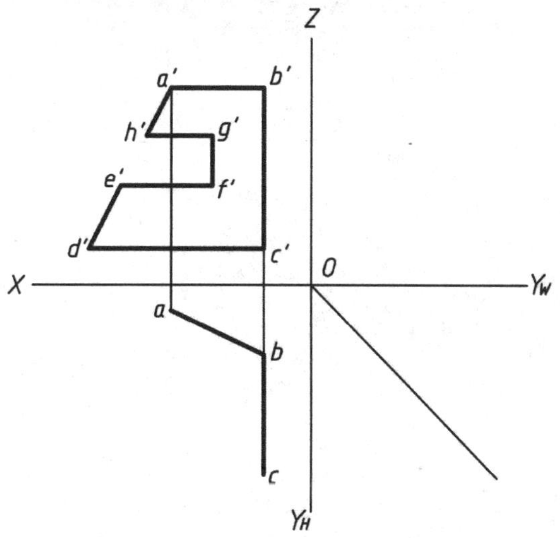
Z
a′
b′
h′
g′
e′
f′
d′
c′
O
X
Y_W
a
b
c
Y_H

平面 *ABCDEFGH* 是__________面

直线 *EF* 是__________线

直线 *FG* 是__________线

学生可沿此线剪下上交

3-1　按给出的条件，画全基本体的三面投影图。

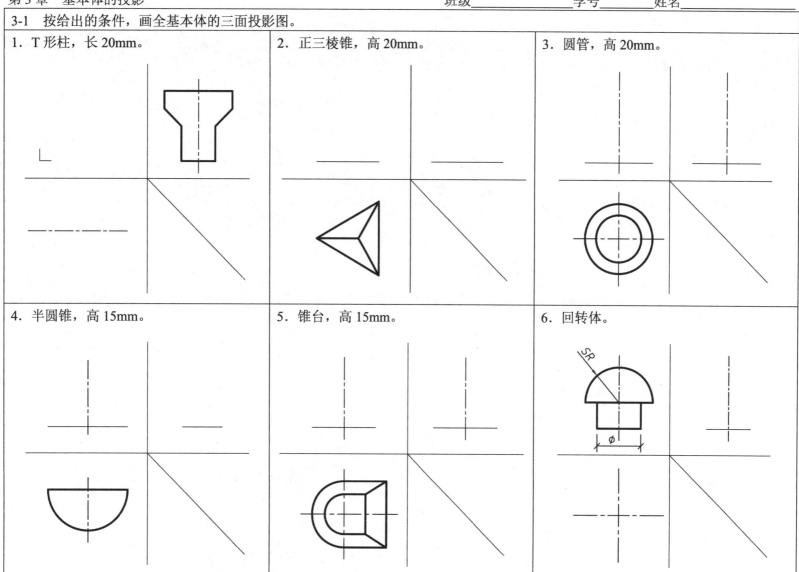

1．T 形柱，长 20mm。

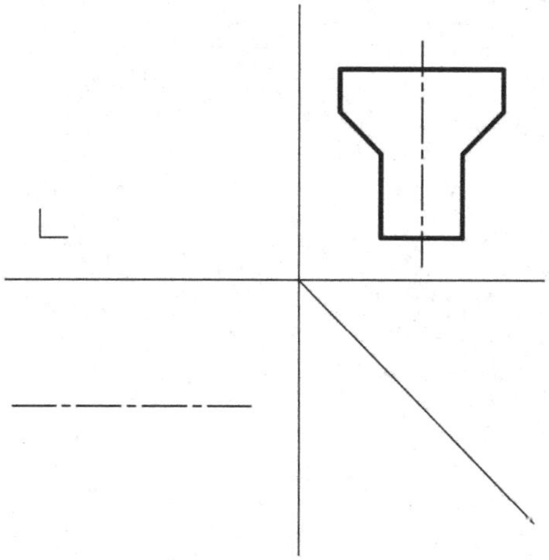

2．正三棱锥，高 20mm。

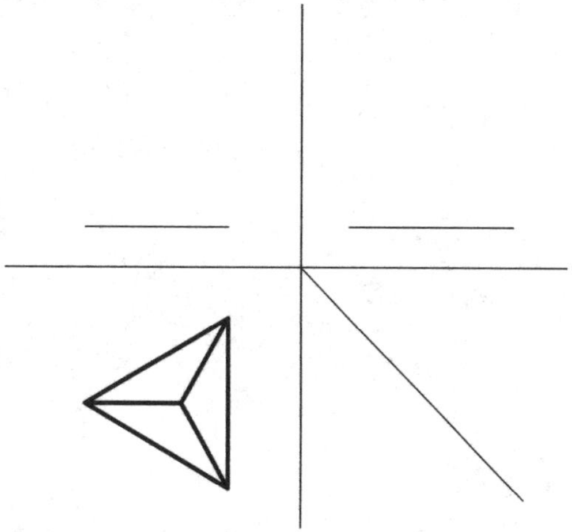

3．圆管，高 20mm。

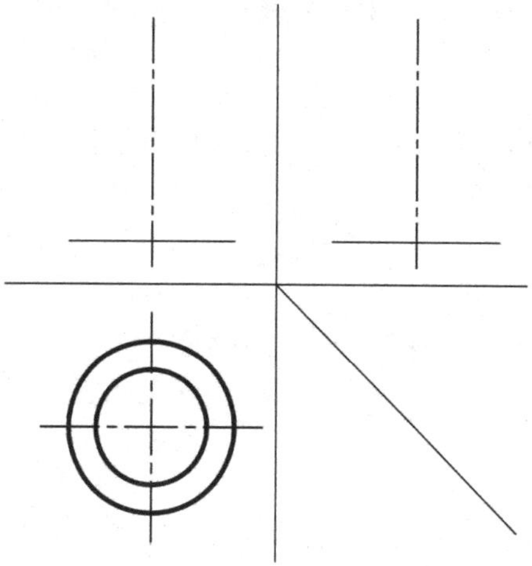

4．半圆锥，高 15mm。

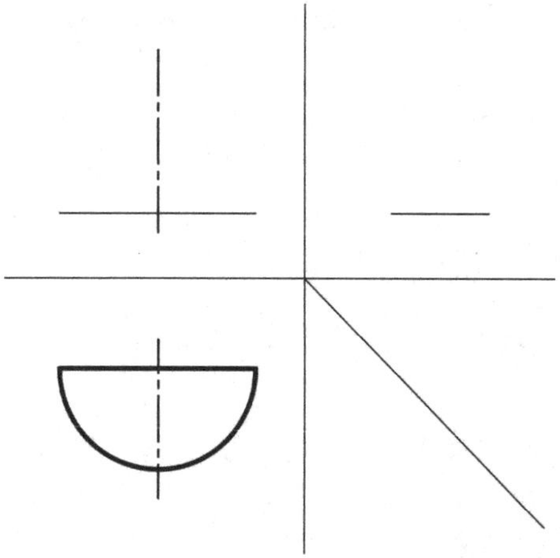

5．锥台，高 15mm。

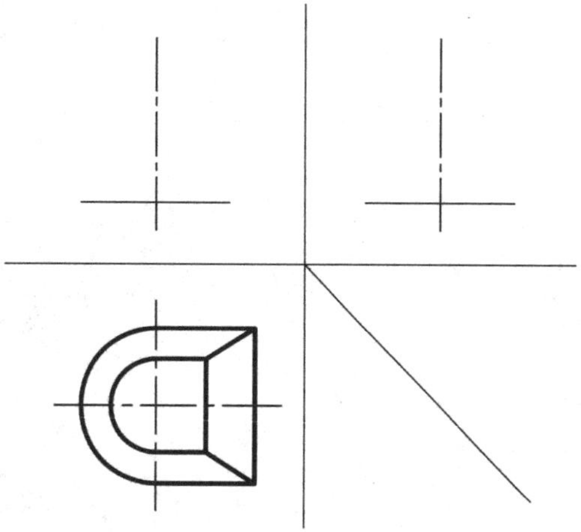

6．回转体。

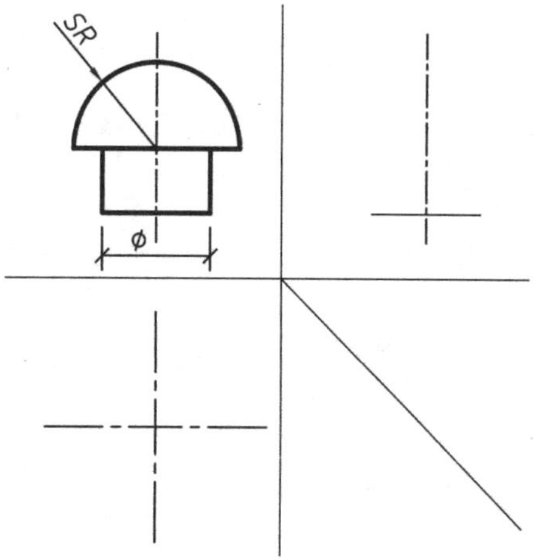
SR
ϕ

学生可沿此线剪下上交

3-2　补画基本体的第三面投影图，并求其上点、线的其他两面投影。

1．五棱柱。

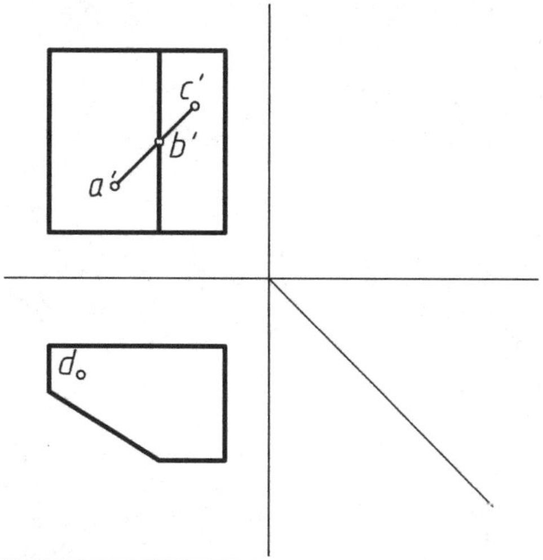
c′
b′
a′
d

2．三棱台。

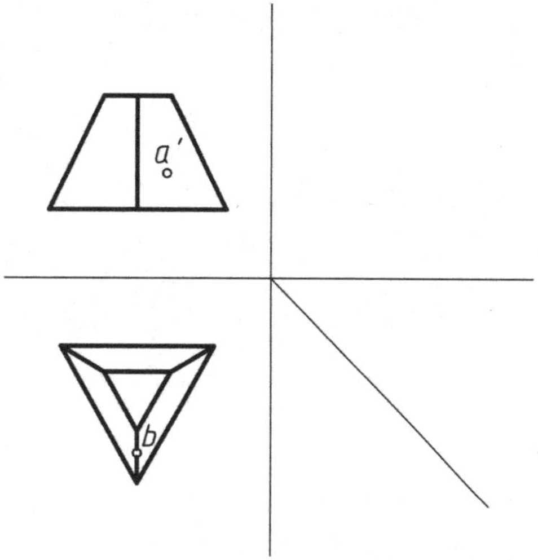
a′
b

3．四棱台与四棱柱。

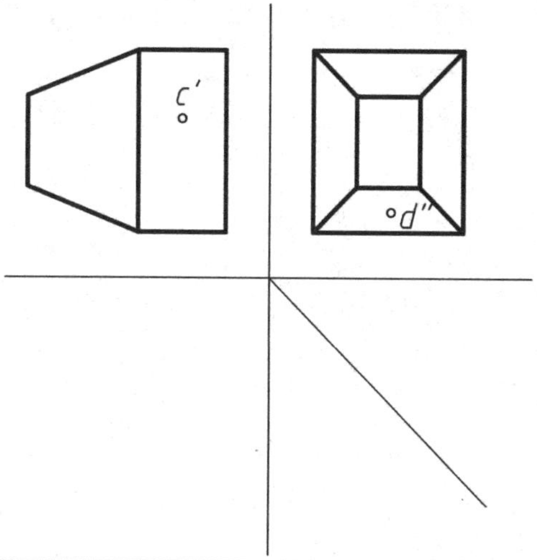
c′
d″

4．圆柱。

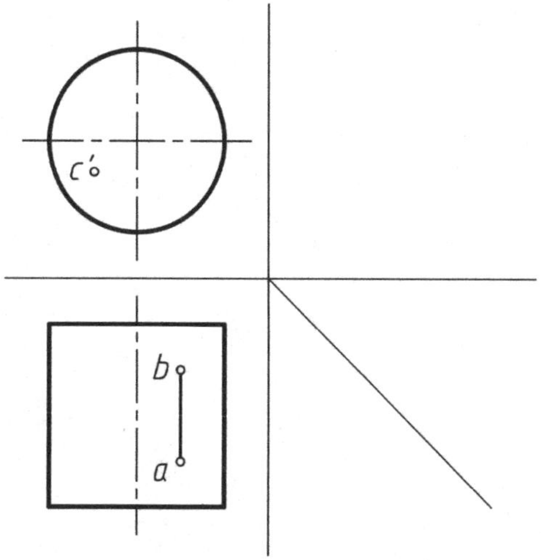
c′
b
a

5．圆台。

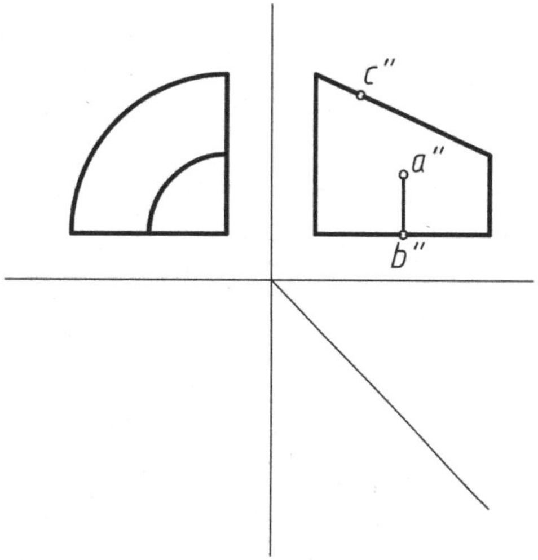
c″
a″
b″

6．圆球。

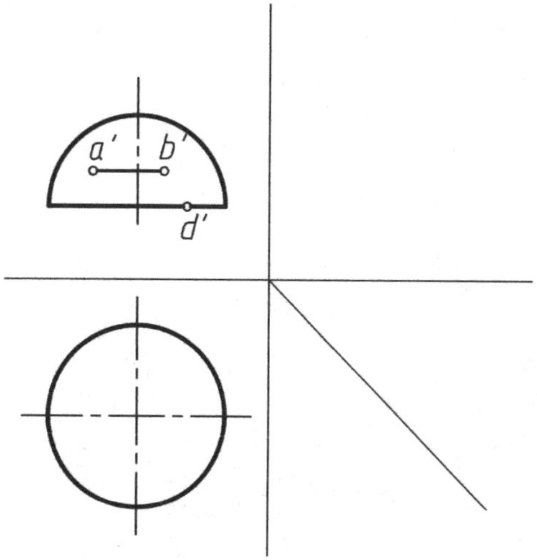
a′
b′
d′

学生可沿此线剪下上交

4-1 补全棱柱和棱锥截切体的三面投影。

1. 六棱柱。

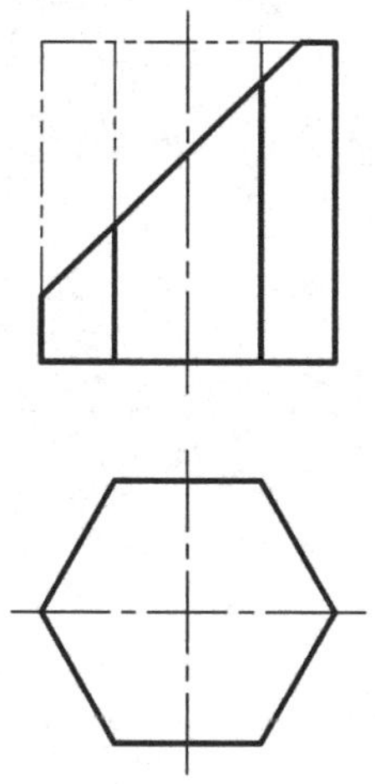

2. 三棱柱。

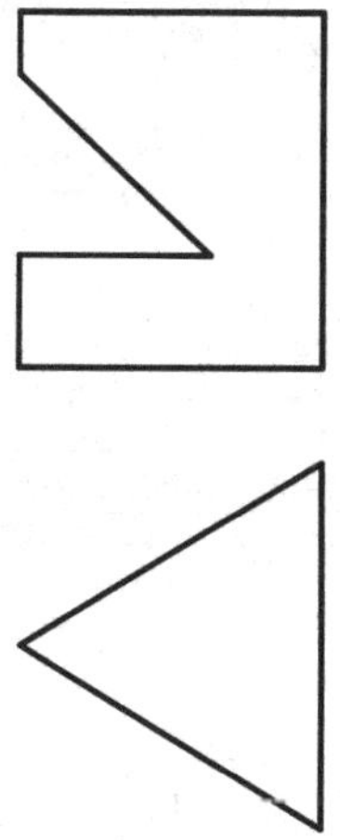

3. 五棱锥。

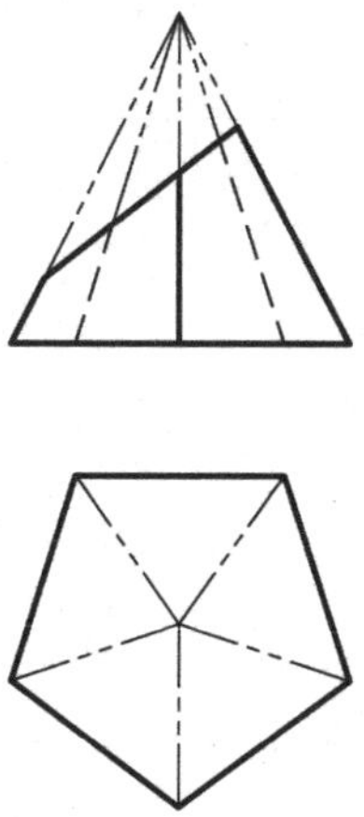

4. 四棱锥。

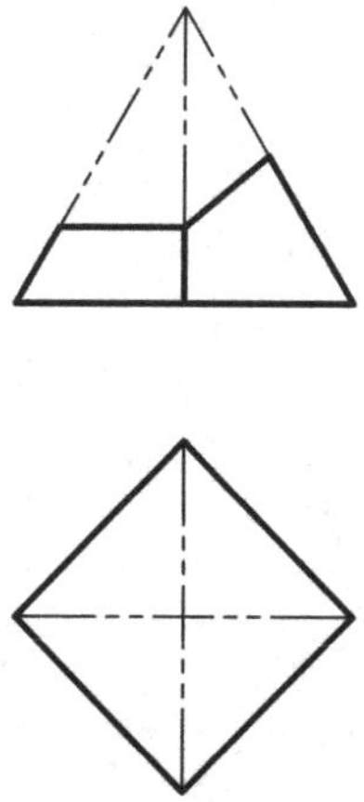

学生可沿此线剪下上交

4-2　补全圆柱截切体的三面投影。

1.

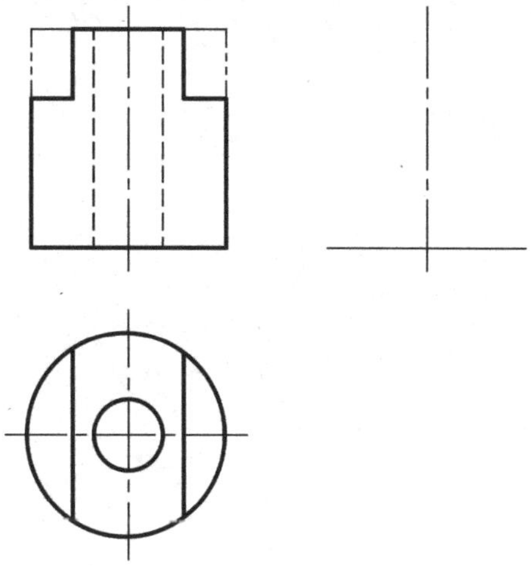

2.

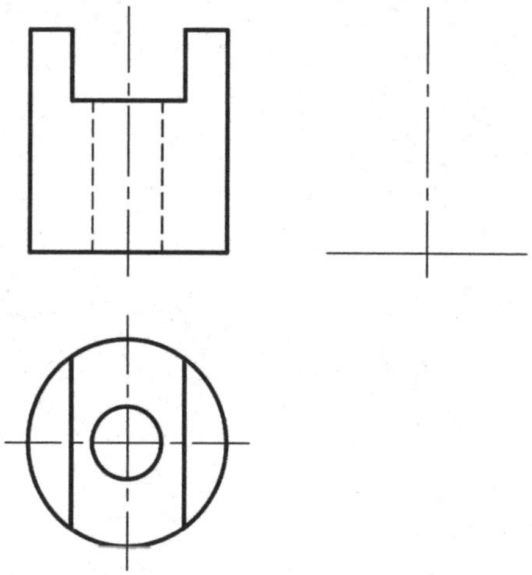

3.

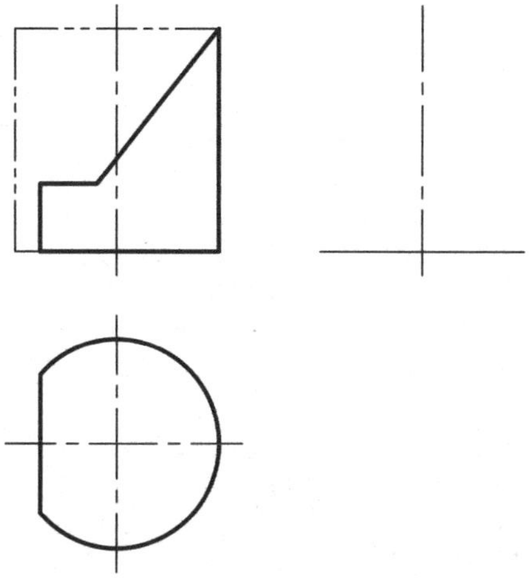

4.

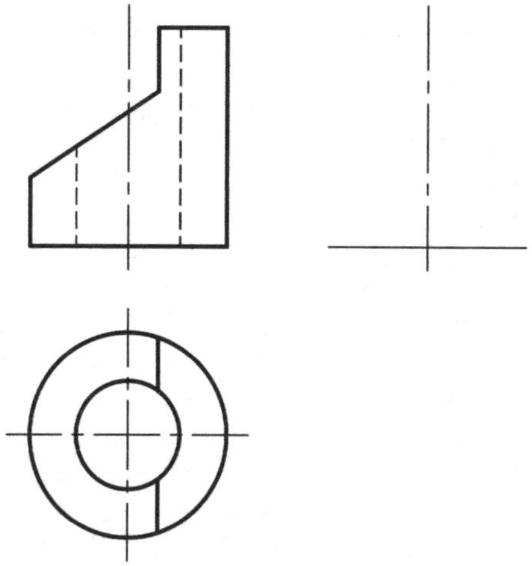

班级________________学号________姓名________________

学生可沿此线剪下上交

4-3　补全圆锥和圆球截切体的三面投影。

1.

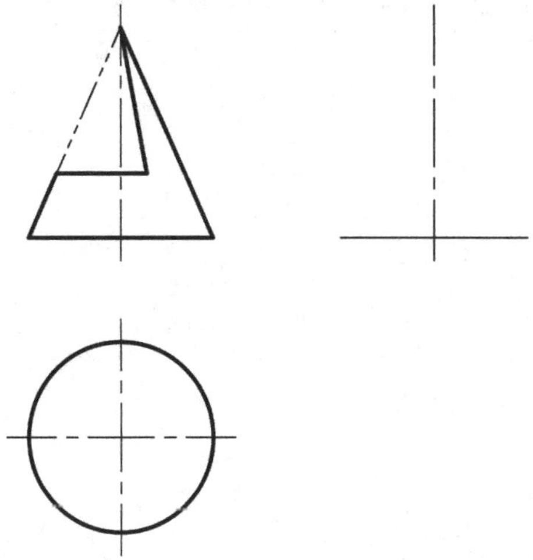

2.

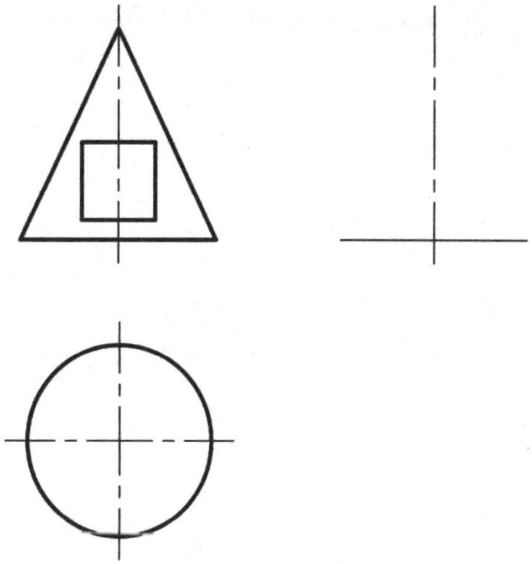

3.

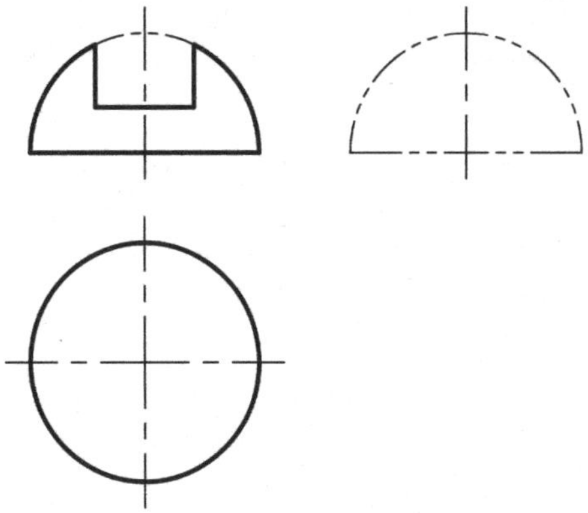

4.

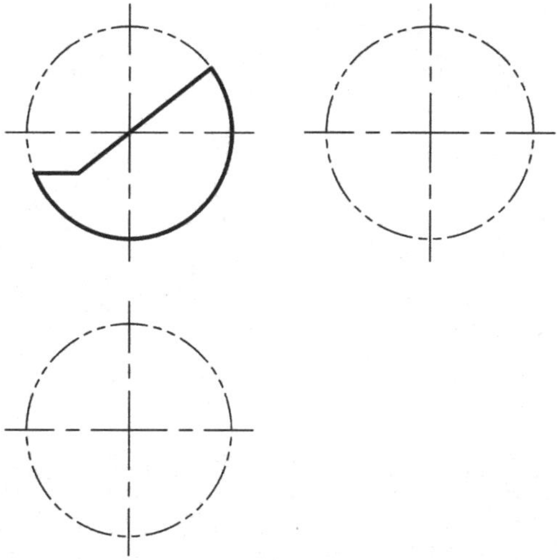

班级__________学号________姓名__________

学生可沿此线剪下上交

4-4　补全烟囱、气窗与屋面交线的 V、H 面投影。

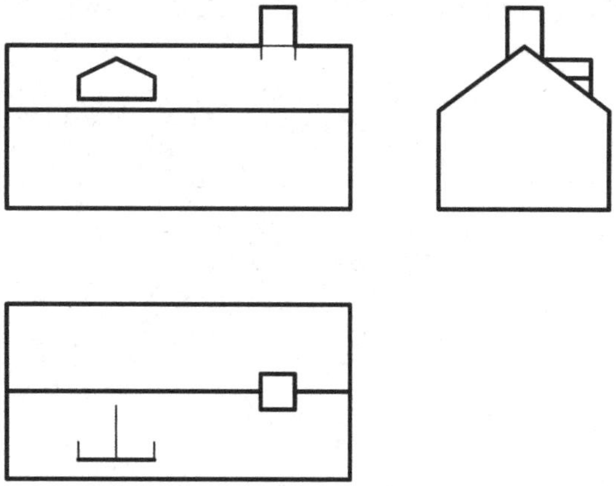

4-5　补全两棱柱相贯的 V 面投影。

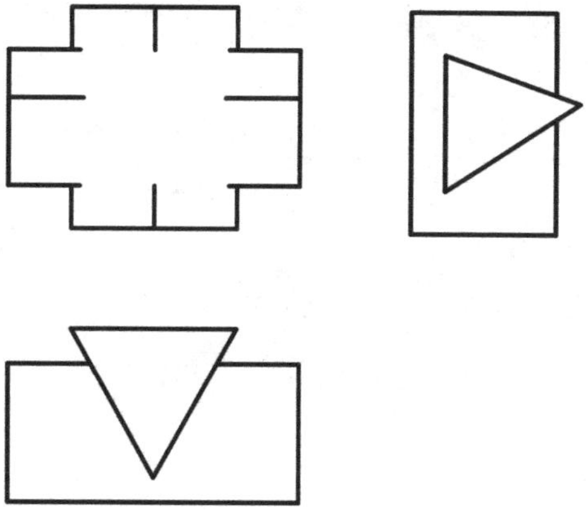

4-6　补全两棱柱相贯的 W 面投影。

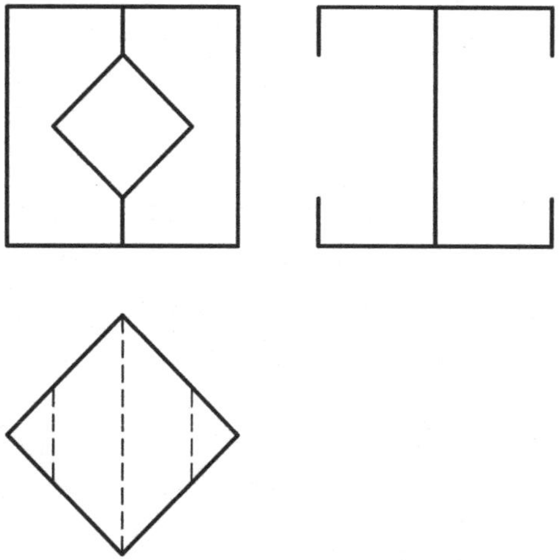

4-7　补全棱柱与棱锥相贯的 V、W 面投影。

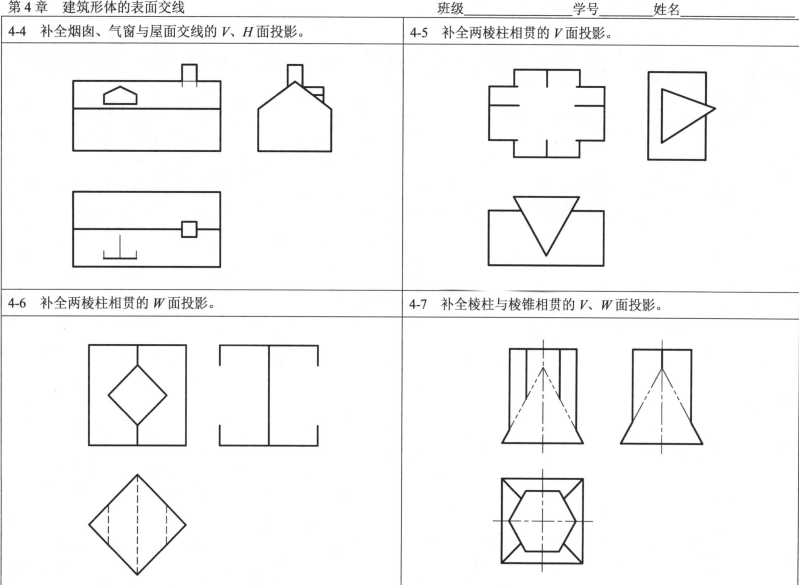

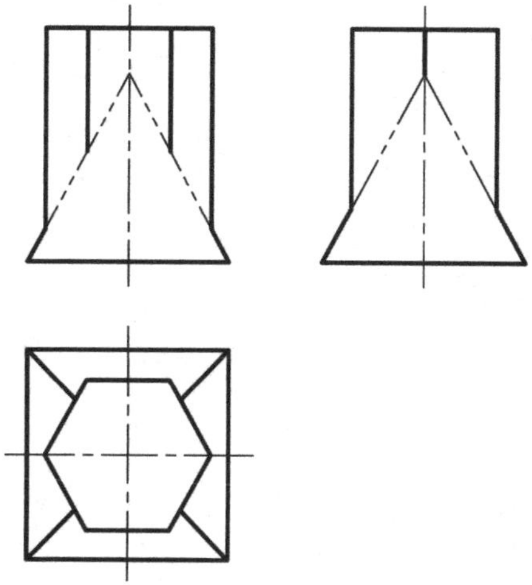

学生可沿此线剪下上交

4-8　补全圆柱相贯后的各面投影。

1.

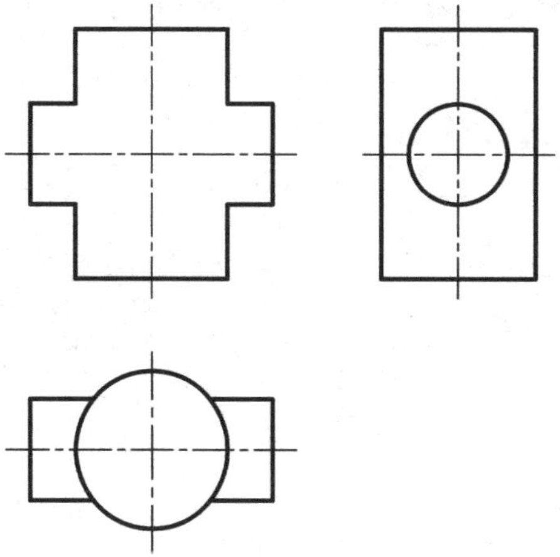

2.

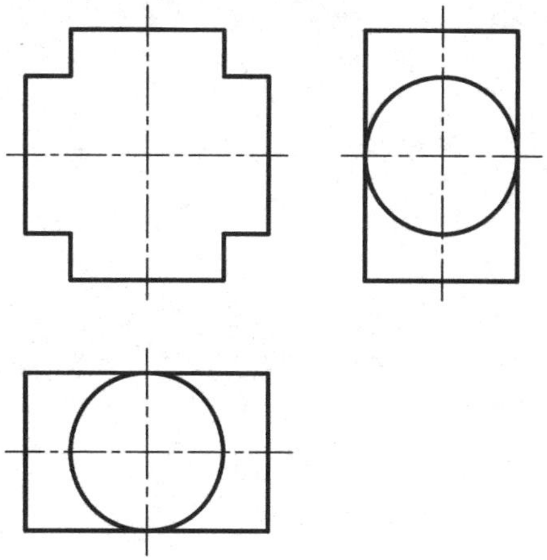

3.

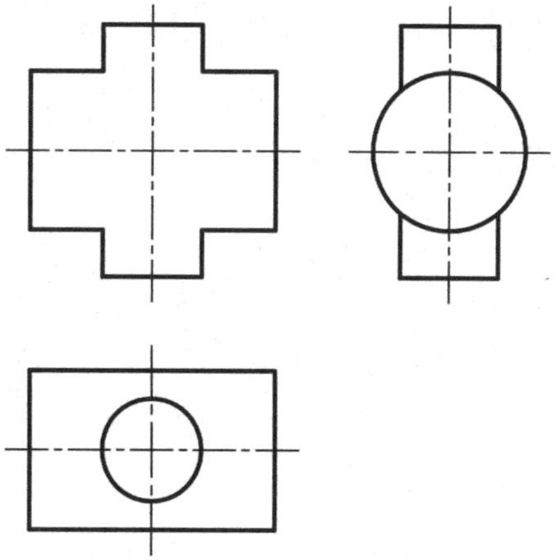

4.

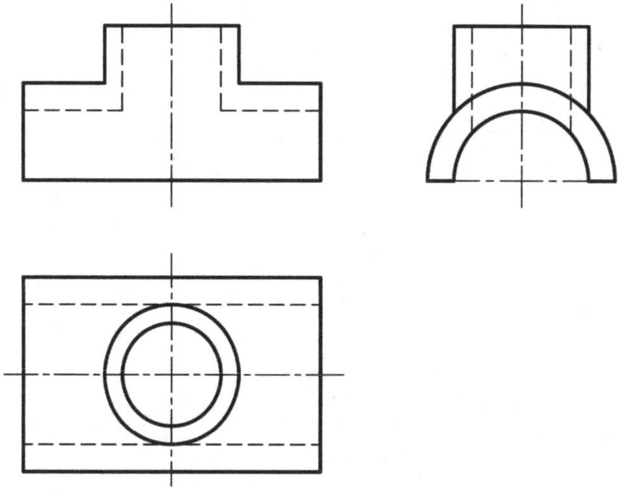

5.

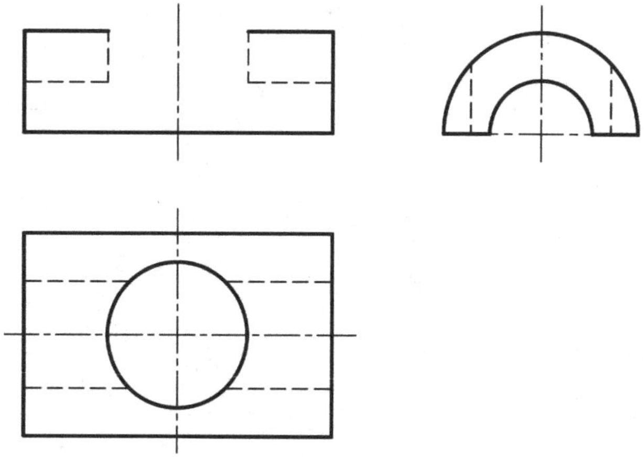

4-8 补全圆柱相贯后的各面投影

1
2
3
4
5

班级＿＿＿＿＿＿学号＿＿＿＿姓名＿＿＿＿＿＿

学生可沿此线剪下上交

4-9　补全四棱柱与圆柱相贯的 *V* 面投影。

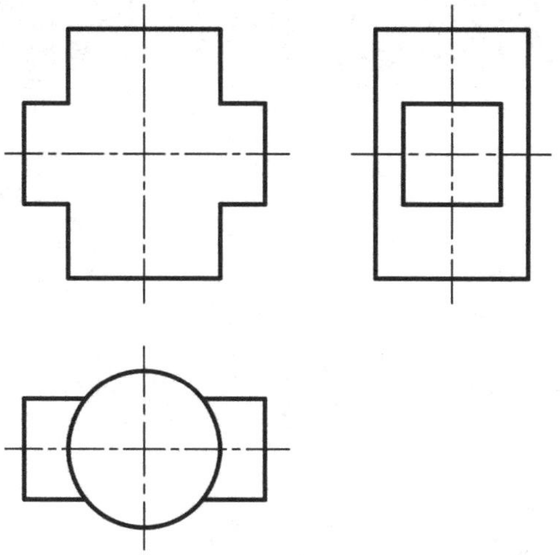

4-10　补全四棱柱与圆锥相贯的 *V*、*W* 面投影。

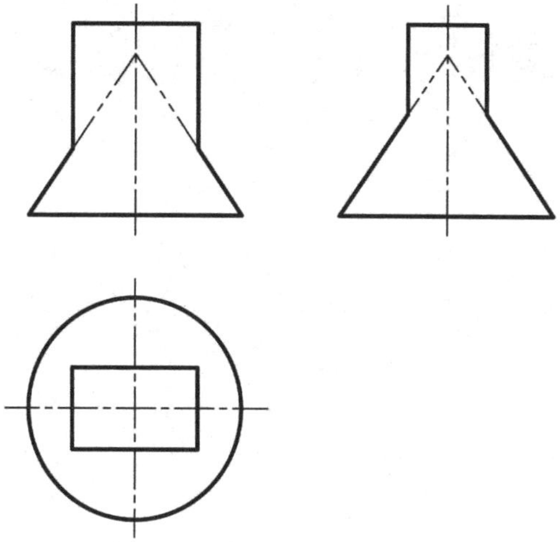

4-11　补全半圆拱屋面与坡屋面相贯的 *H* 面投影。

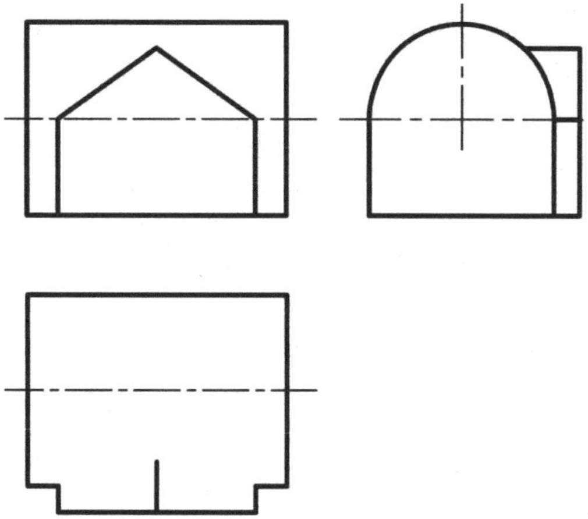

4-12　补全两半圆拱屋面相贯的 *H* 面投影。

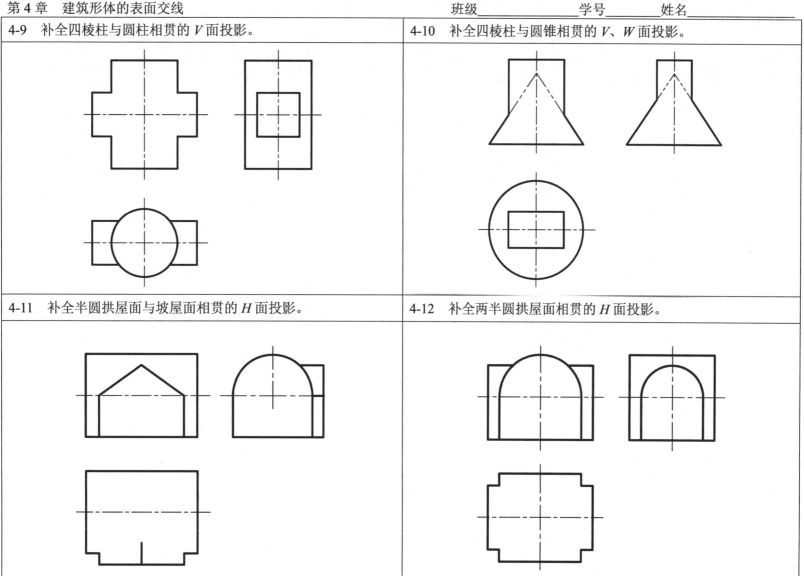

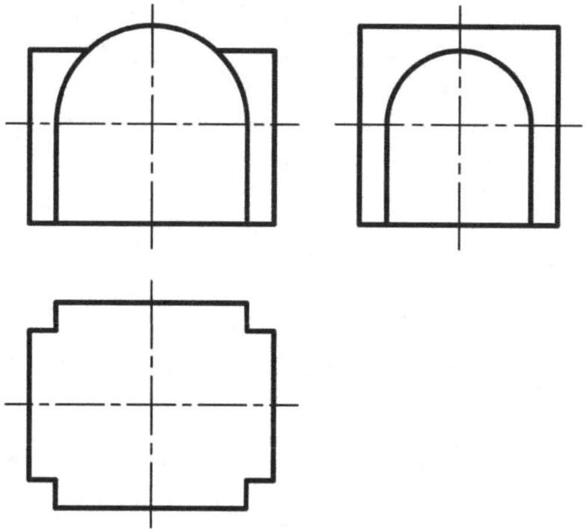

4-9 补全四棱柱与圆柱相贯的V面投影。

4-10 补全四棱柱与圆锥相贯的H、W面投影。

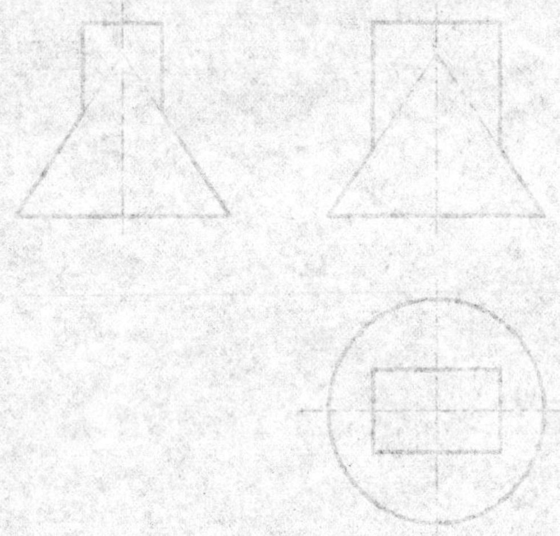

4-11 补全半圆拱屋面与坡屋面相贯的V面投影。

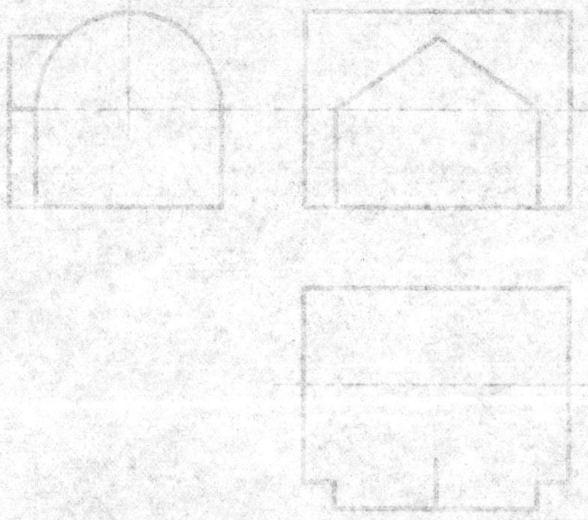

4-12 补全两半圆拱屋面相贯的H面投影。

5-1　根据轴测图，画出组合体的三视图(尺寸照图量取)。

学生可沿此线剪下上交

1.

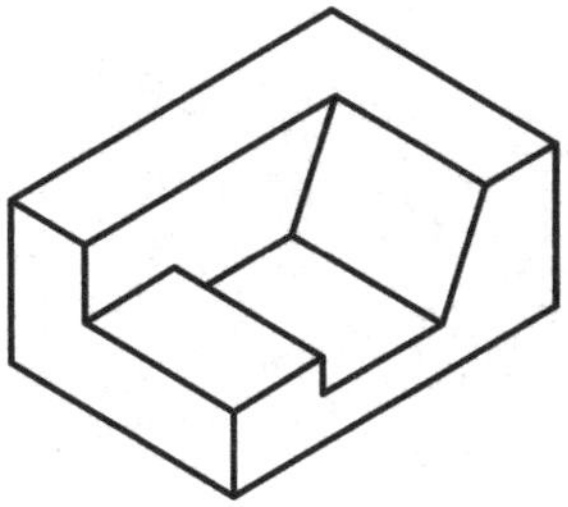

2.

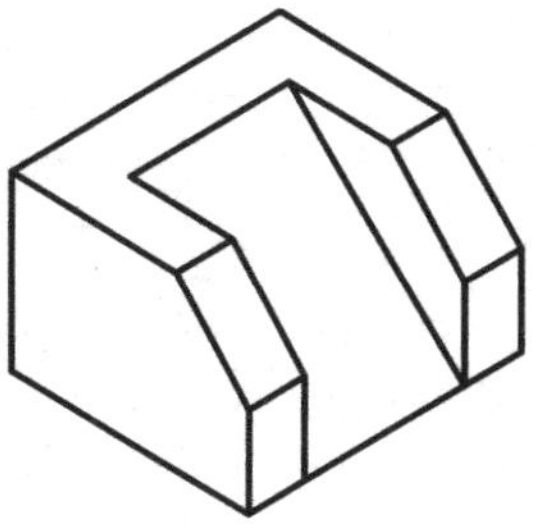

3.

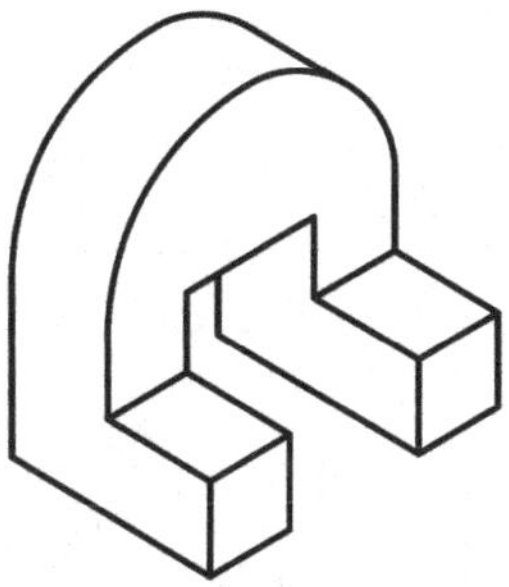

4.

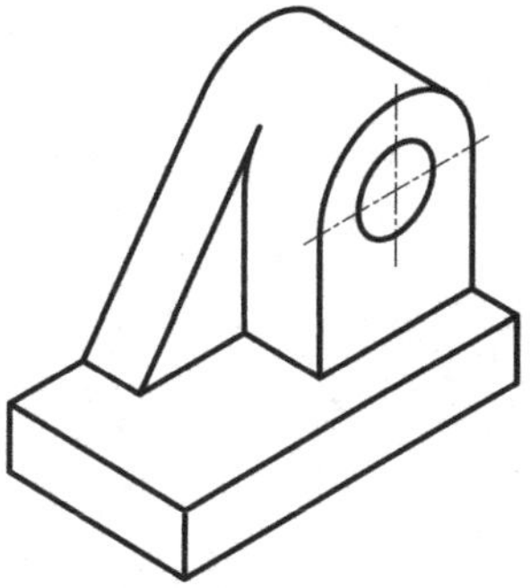

班级________________学号__________姓名____________________

5-2　补画组合体的第三视图，并在视图中标出平面 P 和 R 的其余投影。

1.

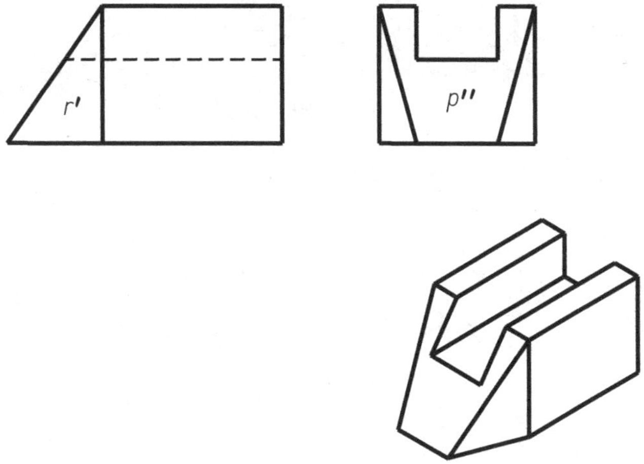
r'
p''

2.

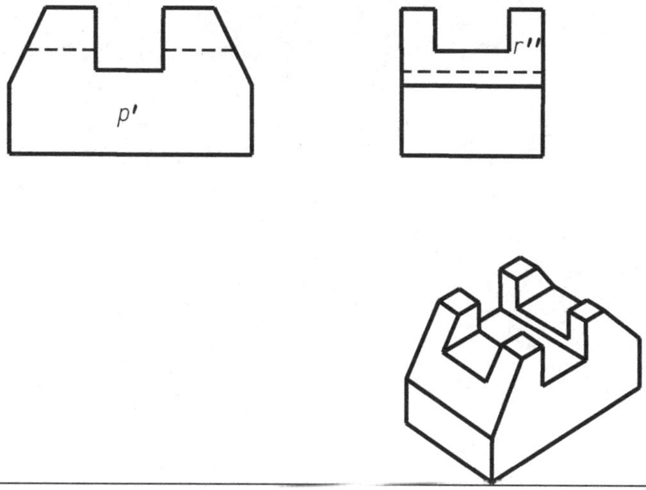
p'
r''

3.

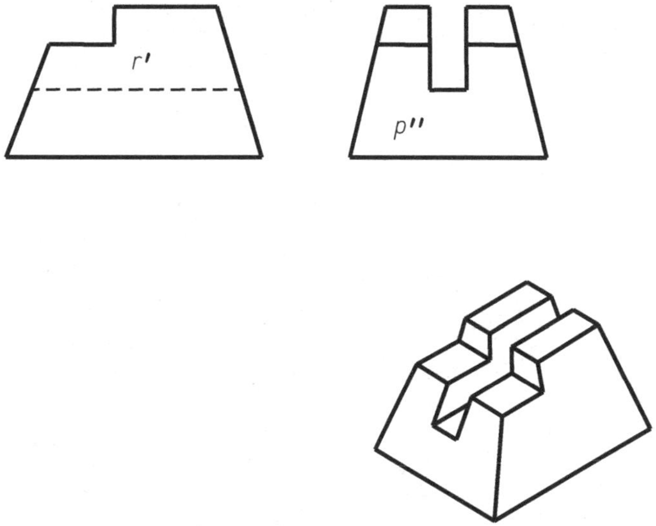
r'
p''

4.

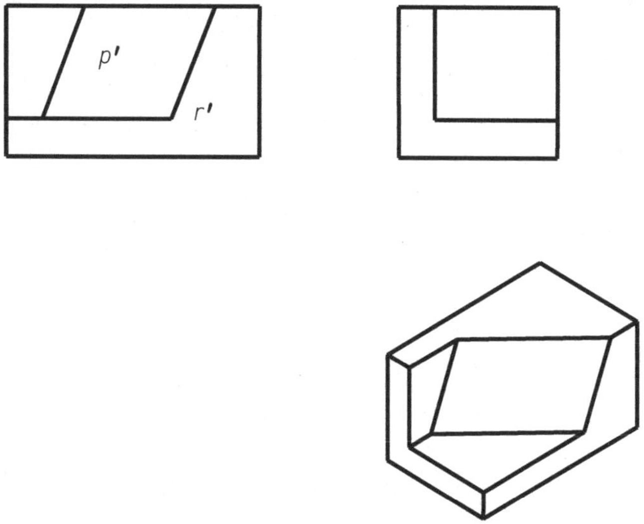
p'
r'

学生可沿此线剪下上交

5-3　根据轴测图及所给尺寸，画出组合体的三视图并标注尺寸(比例 1∶2)。

1.

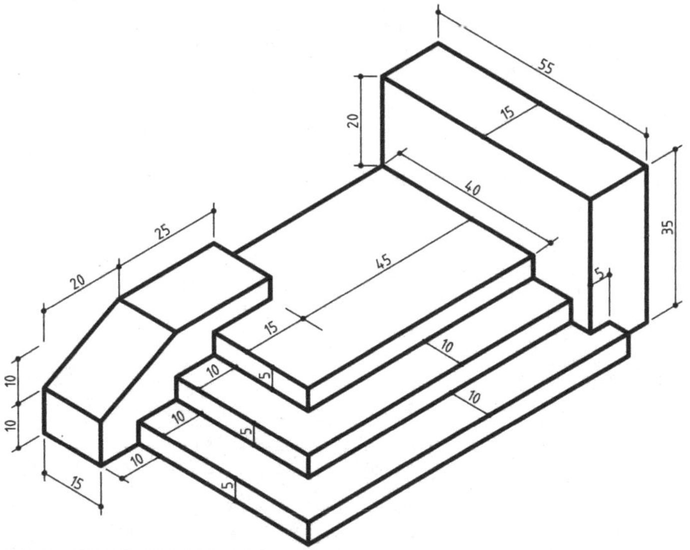

55
20
15
40
35
25
45
5
20
15
10
10
10
10
5
10
5
10
10
10
5
15

2.

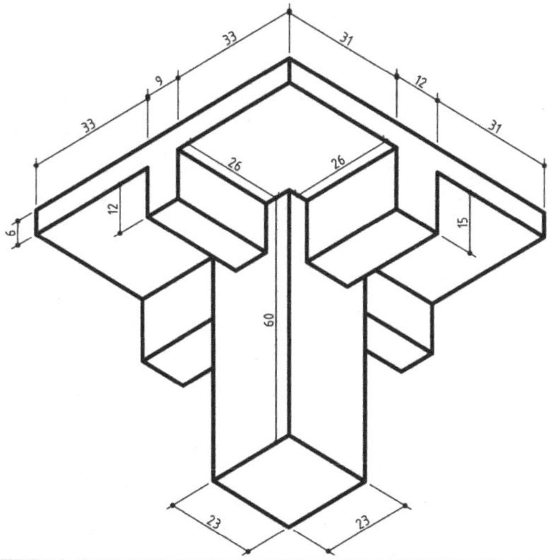

33
31
9
12
33
31
26
26
12
6
15
60
23
23

学生可沿此线剪下上交

5-4　标注组合体的尺寸(尺寸数值按 1∶1 由图中量取，取整数)。

1.

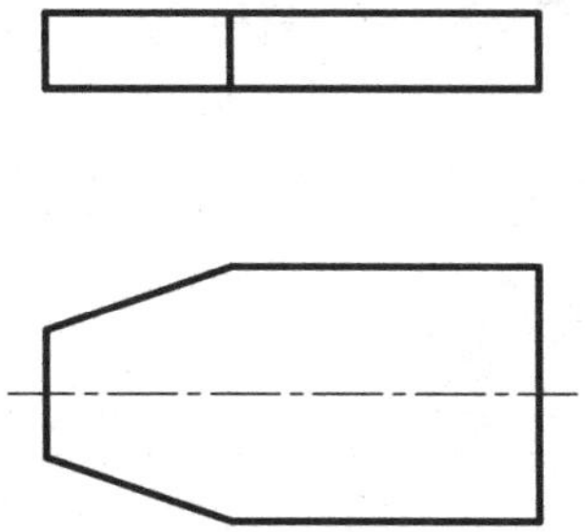

2.

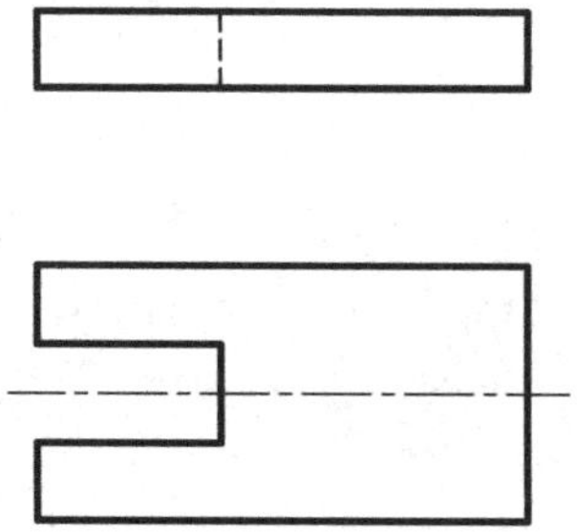

3.

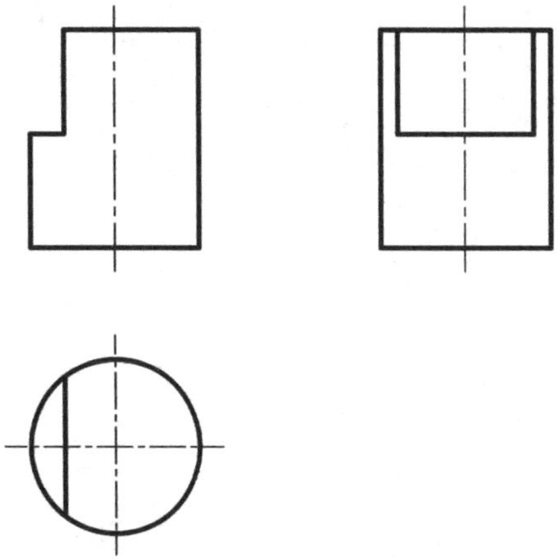

4.

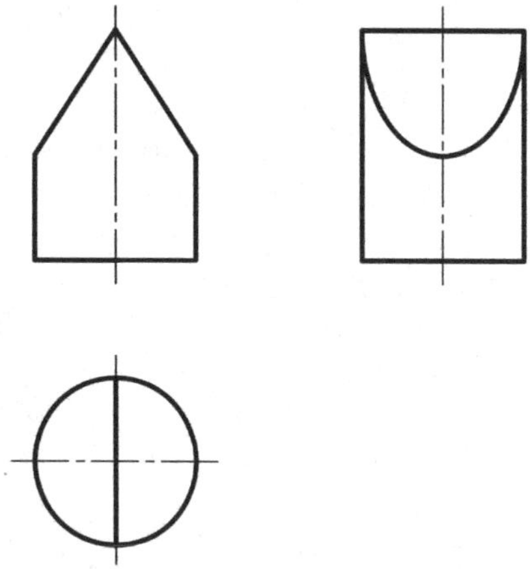

学生可沿此线剪下上交

5-4　标注组合体的尺寸(尺寸数值按 1∶1 由图中量取，取整数)。

5.

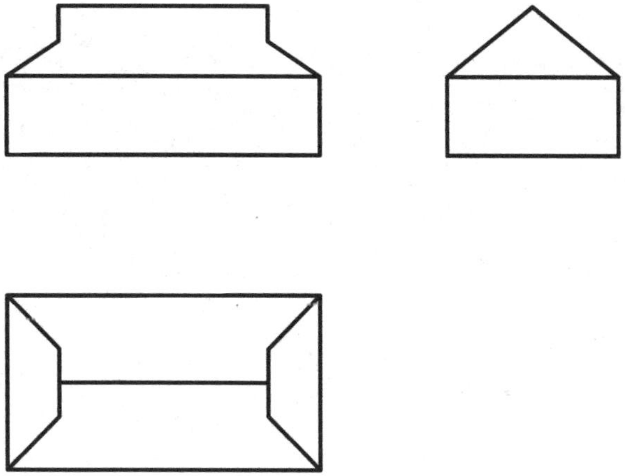

6.

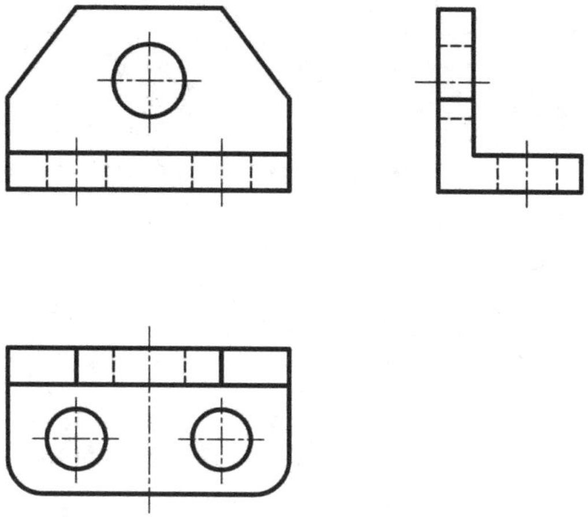

班级＿＿＿＿＿＿＿学号＿＿＿＿姓名＿＿＿＿＿＿＿＿

学生可沿此线剪下上交

5-5　根据组合体的两视图，补画其第三视图。

1.

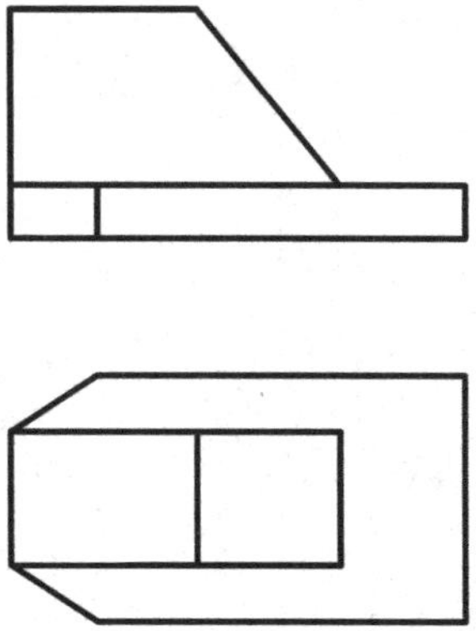

2.

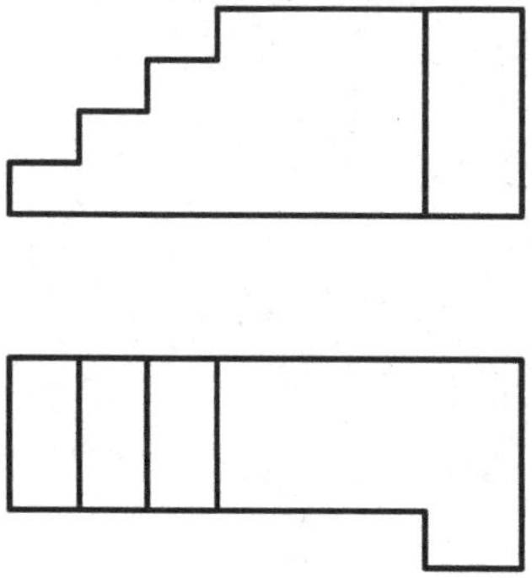

3.

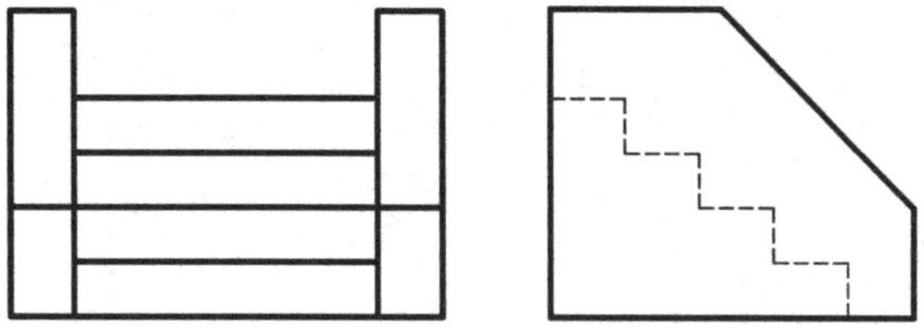

4.

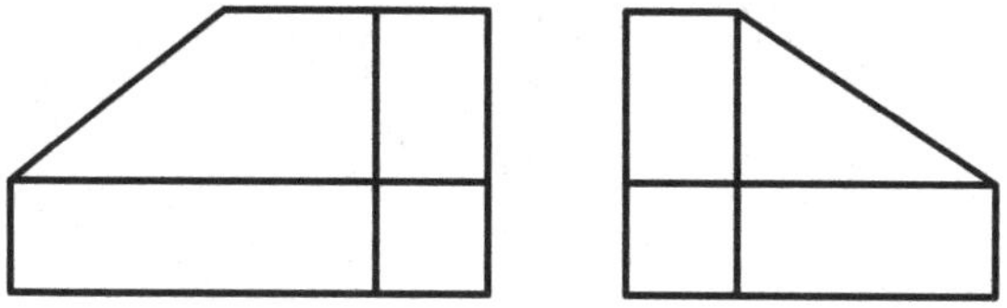

学生可沿此线剪下上交

5-6　根据组合体的正、平面图，补画其侧面图。

1.

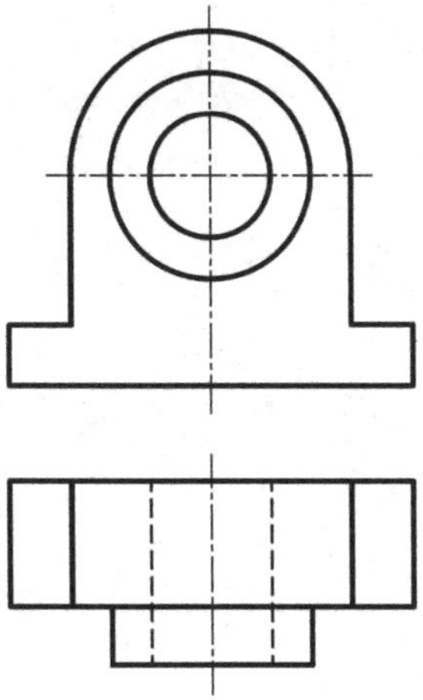

2.

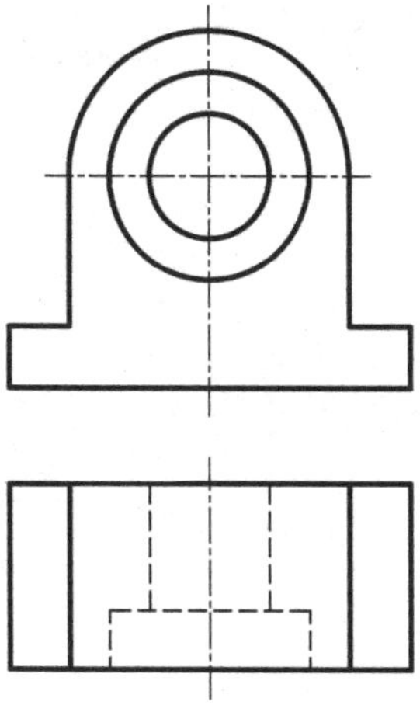

3.

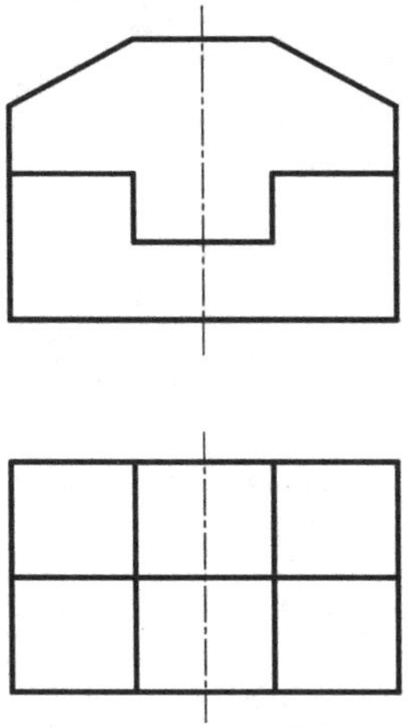

4.

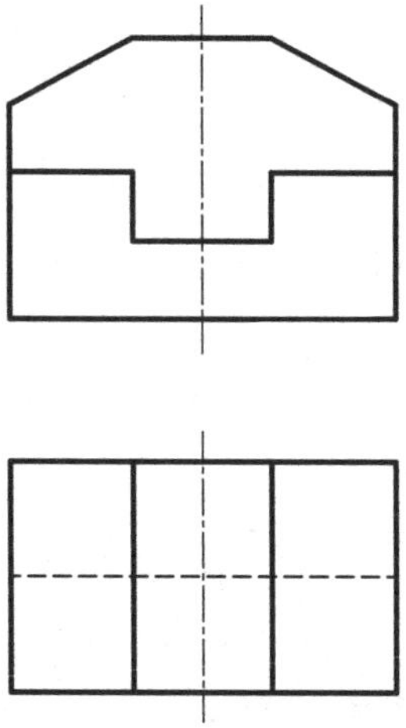

学生可沿此线剪下上交

5-7　补画组合体正面图中所缺的线。

1.

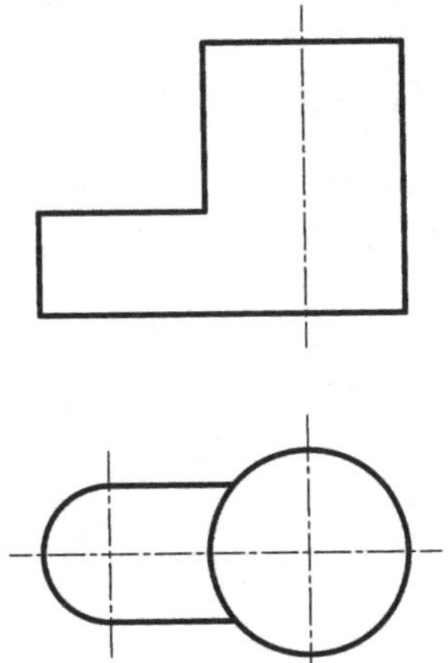

2.

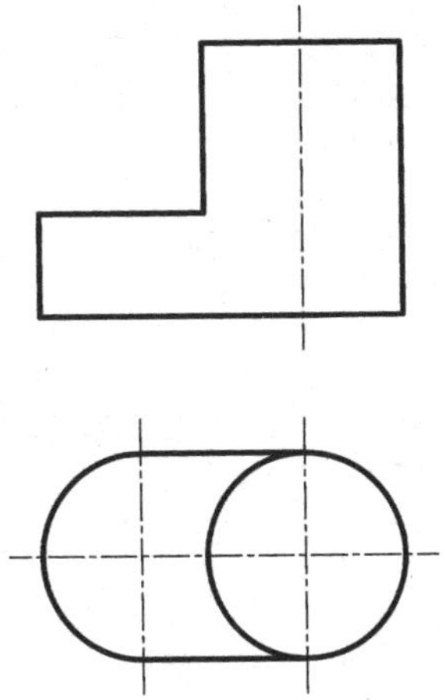

3.

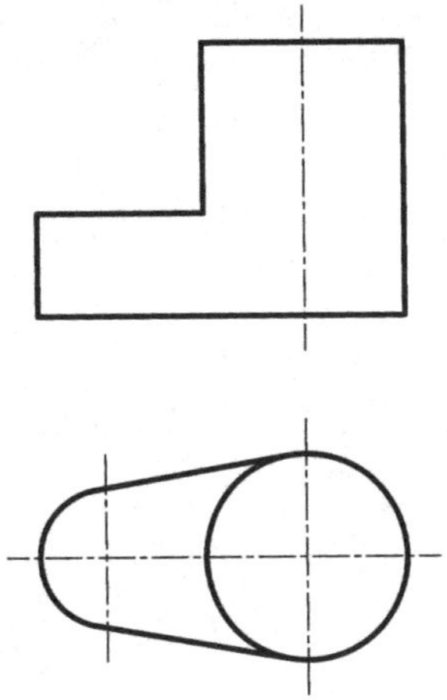

5-8　补画组合体三视图中所缺的线。

1.

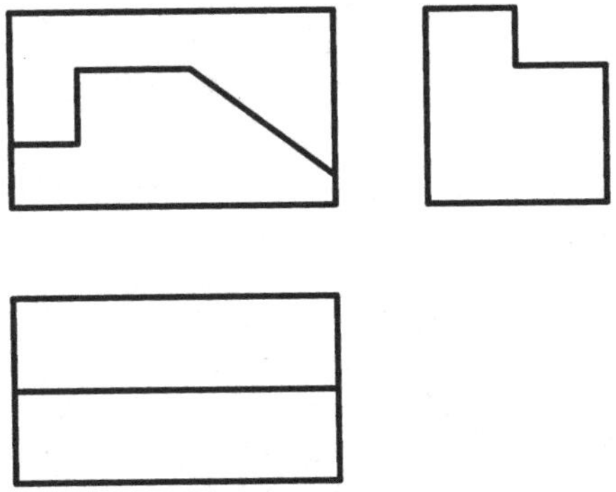

2.

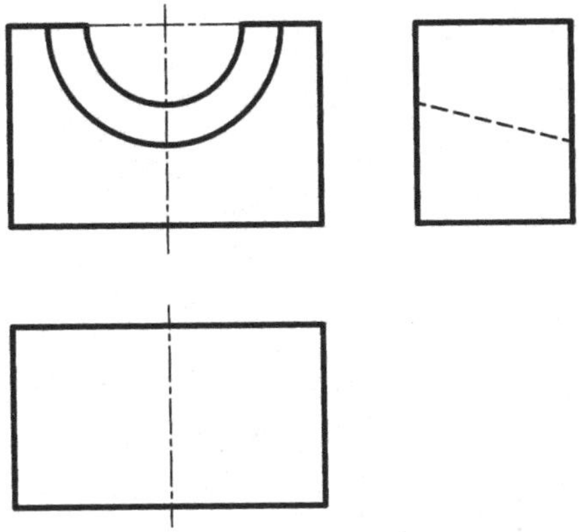

3.

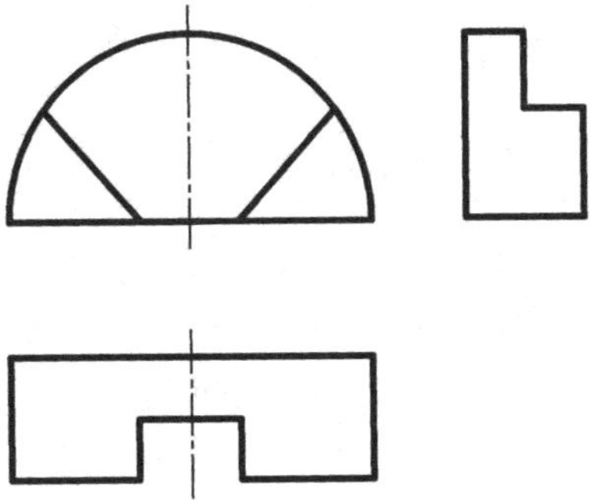

学生可沿此线剪下上交

5-9　补画组合体三视图中所缺的线。

1．补画平面图和左侧面图上所缺的线。

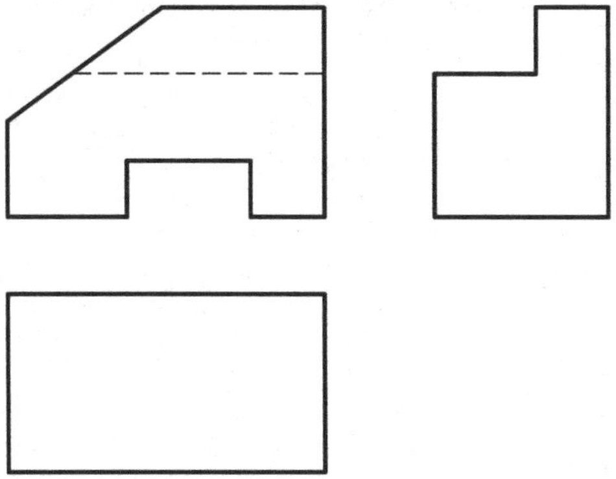

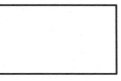

2．补画正面图和平面图上所缺的线。

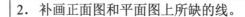

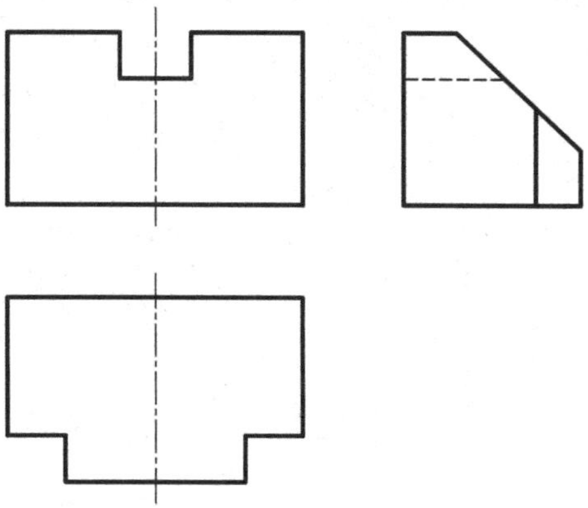

3．补画正面图和平面图上所缺的线。

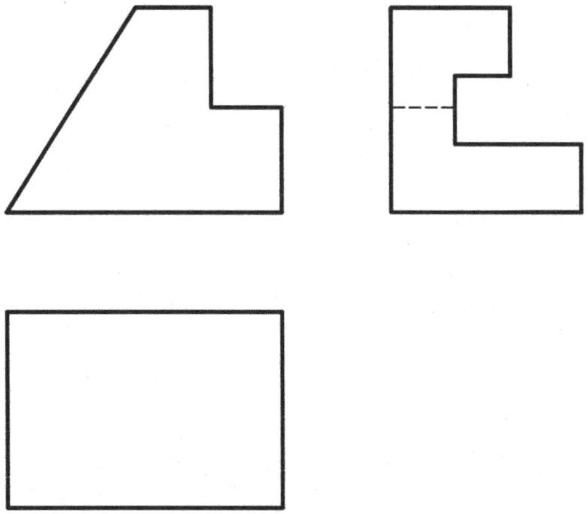

4．补画正面图和左侧面图上所缺的线，并标出 P、Q 面的其余两投影。

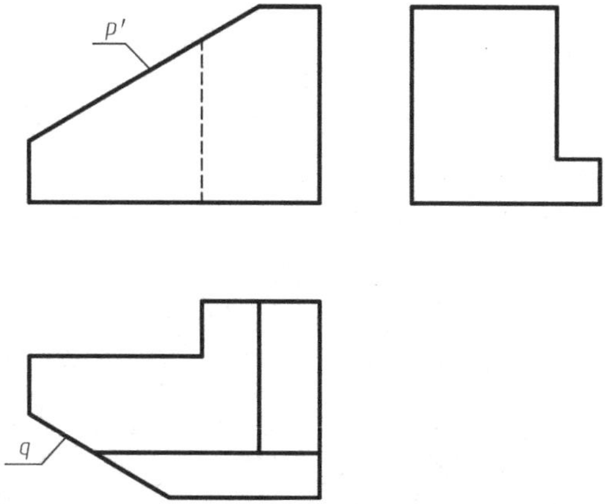
p′
q

学生可沿此线剪下上交

6-1　画出下列形体的正等测图。

1.

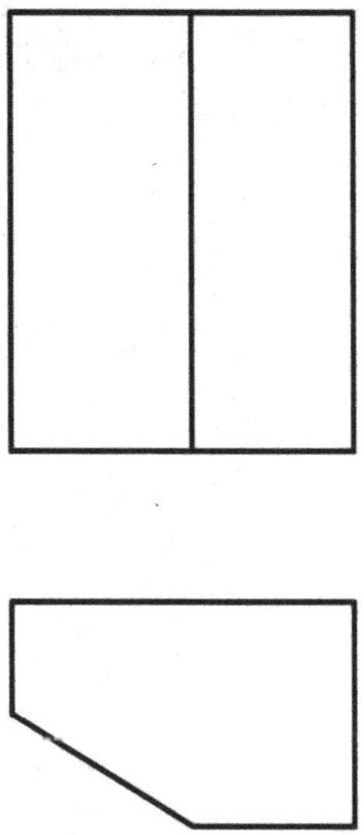

2.

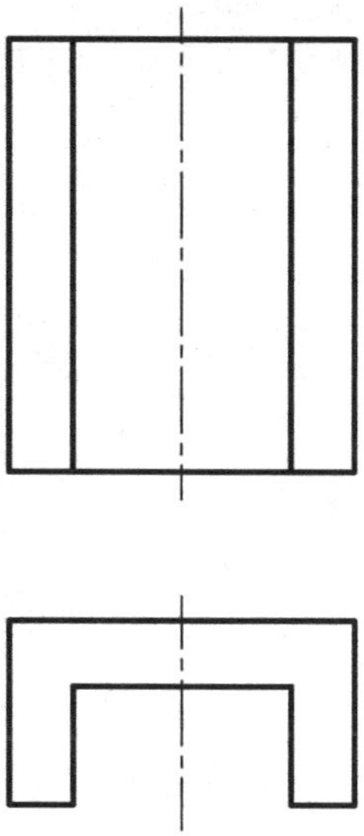

学生可沿此线剪下上交

6-1　画出下列形体的正等测图。

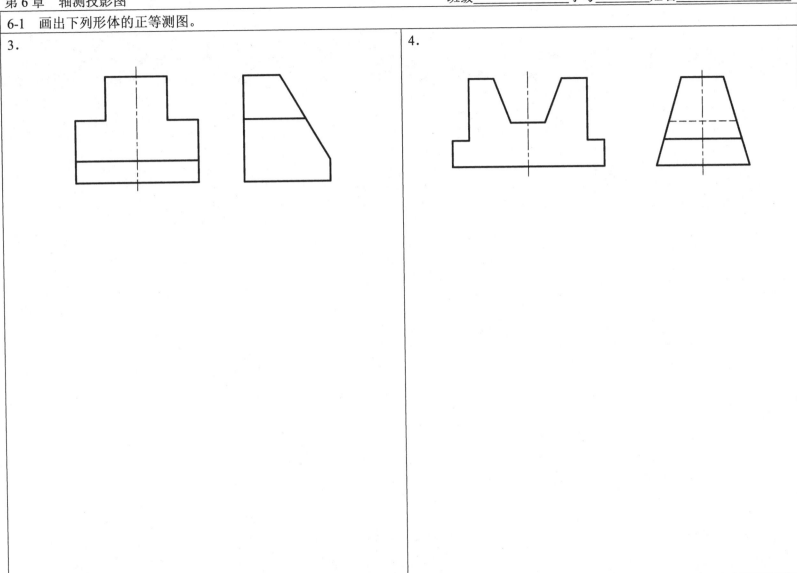

3.

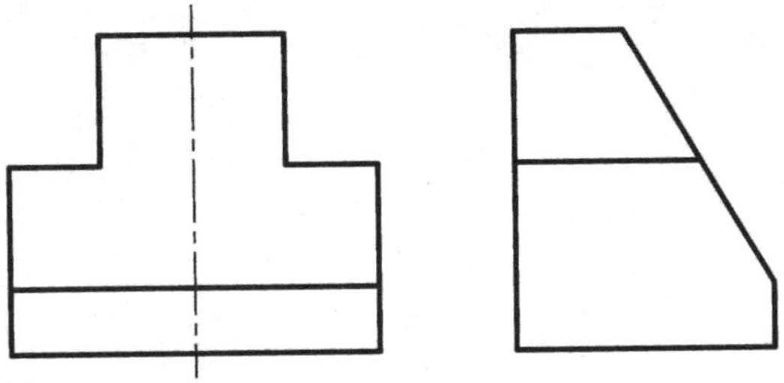

4.

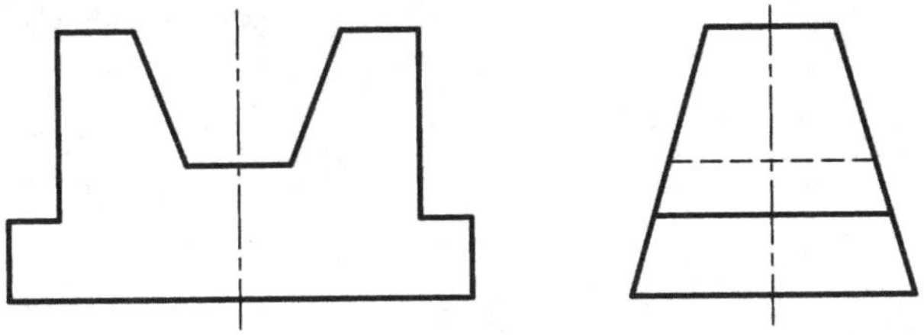

学生可沿此线剪下上交

6-1　画出下列形体的正等测图。

5.

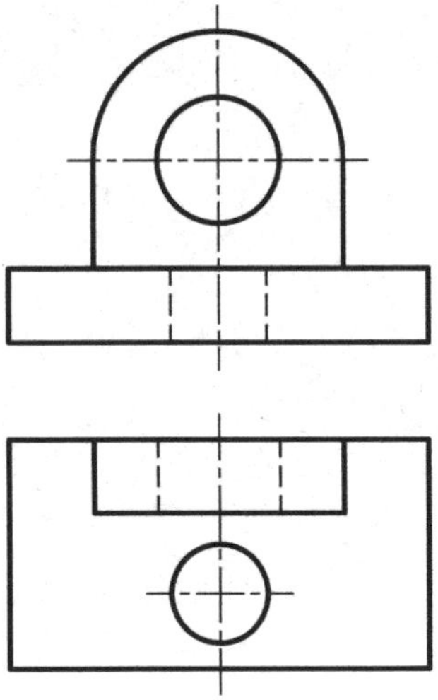

6.

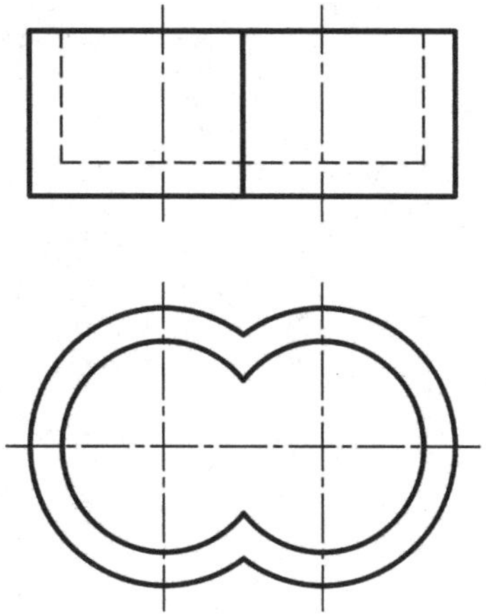

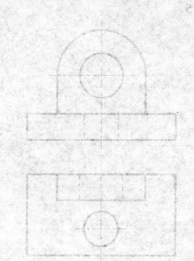

学生可沿此线剪下上交

6-2　画出下列形体的斜等测图。

1.

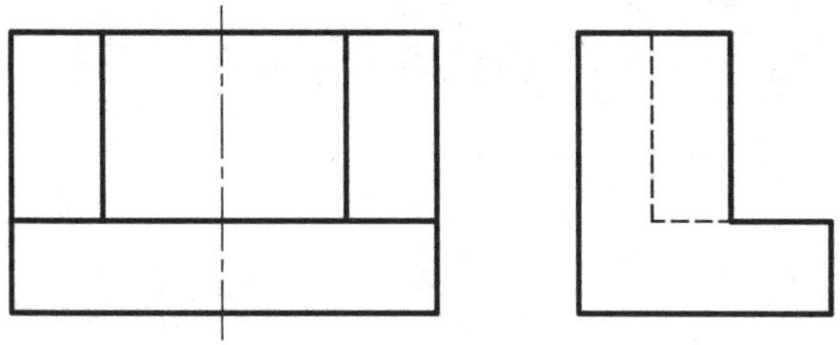

2.

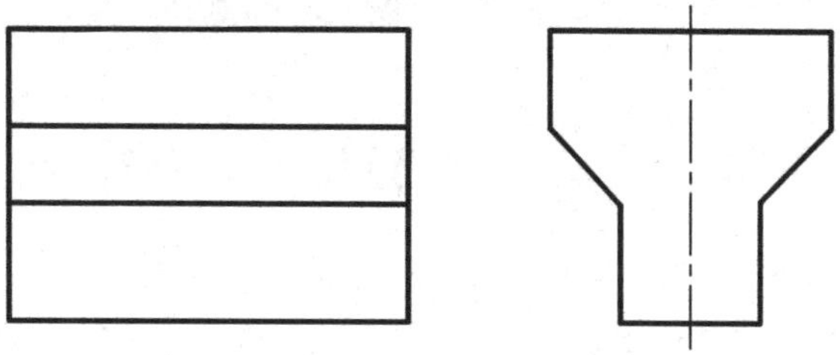

学生可沿此线剪下上交

6-2　画出下列形体的斜等测图。

3.

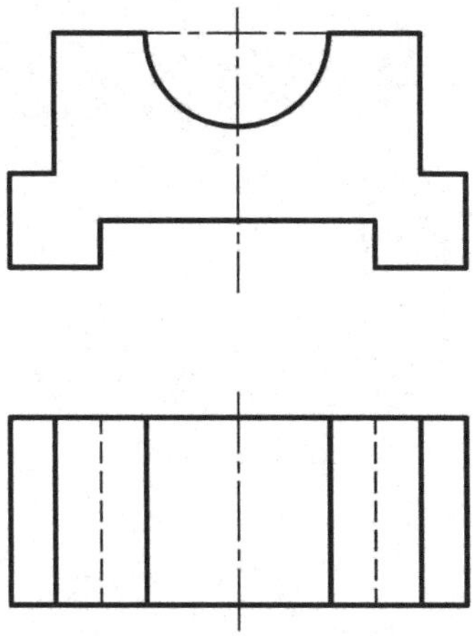

4.

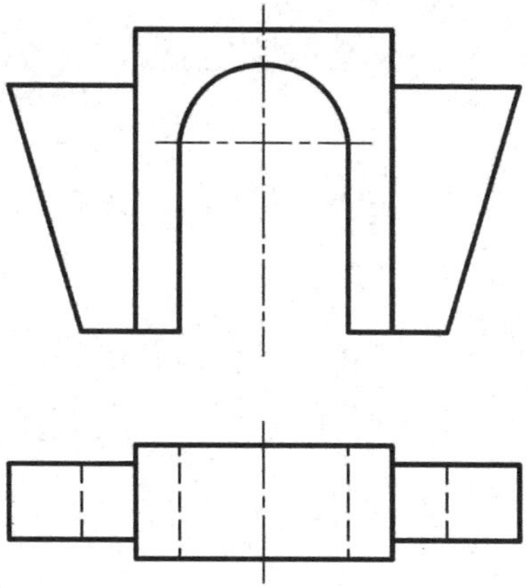

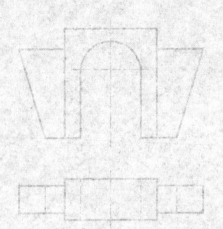

学生可沿此线剪下上交

6-3　画出下列形体的斜二测图。

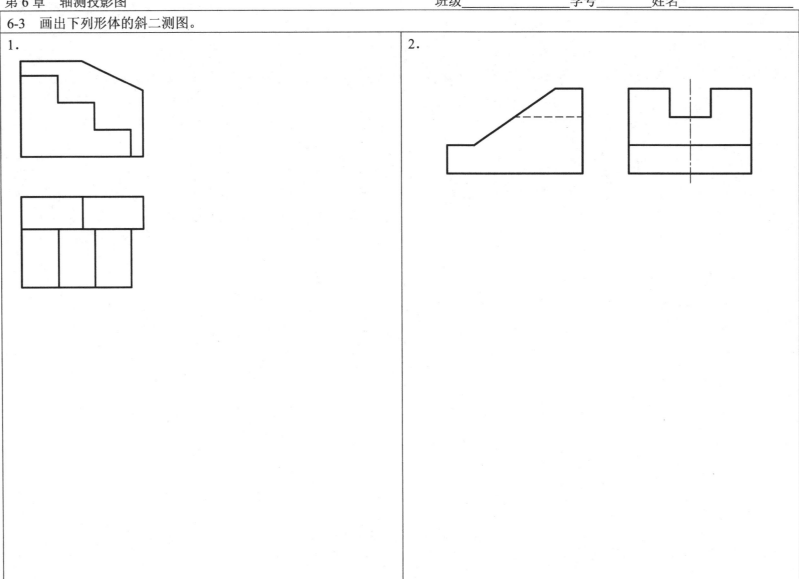

1.

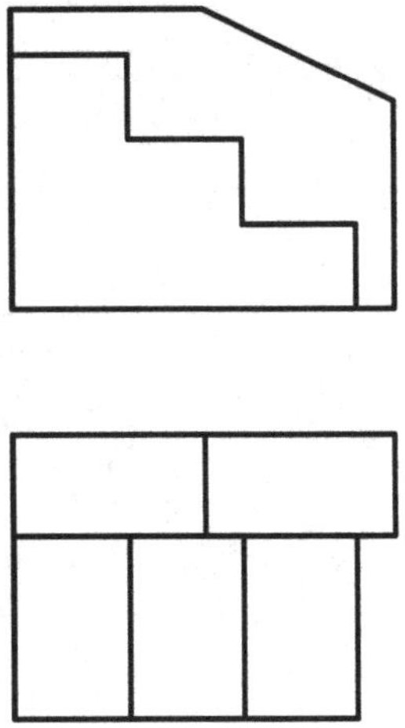

2.

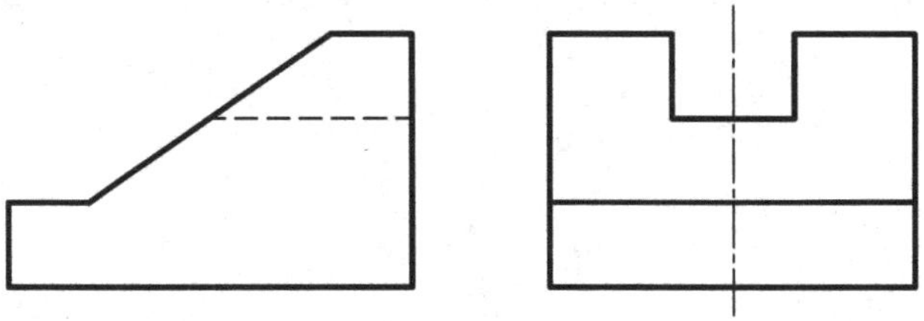

班级______________学号________姓名________________

学生可沿此线剪下上交

6-3　画出下列形体的斜二测图。

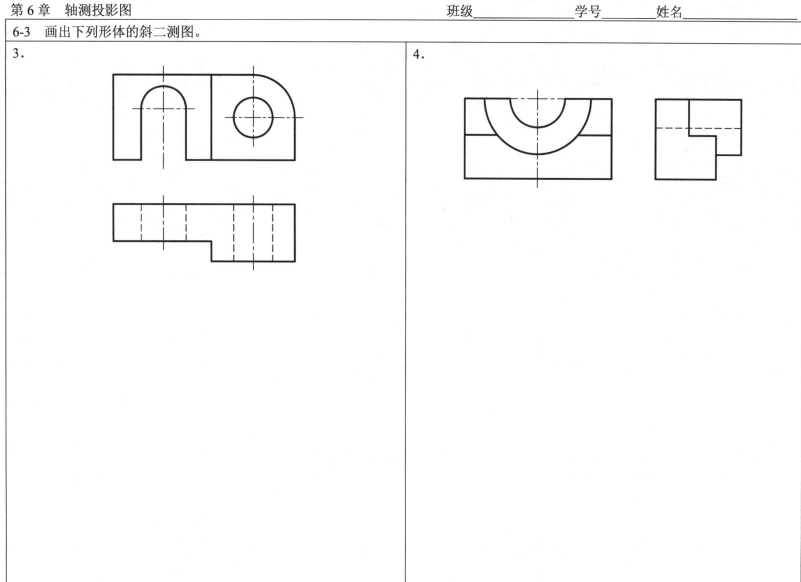

3．

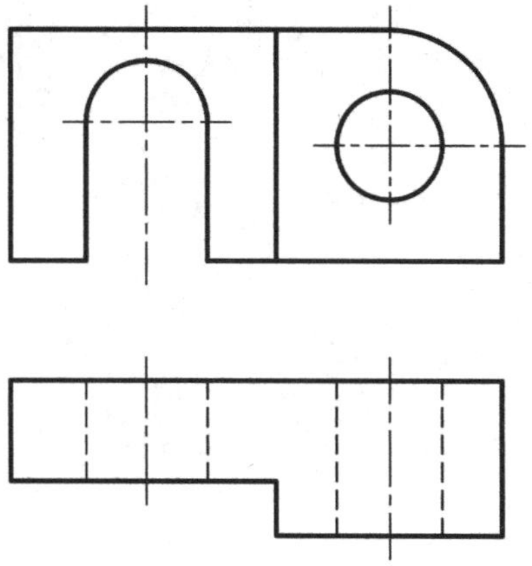

4．

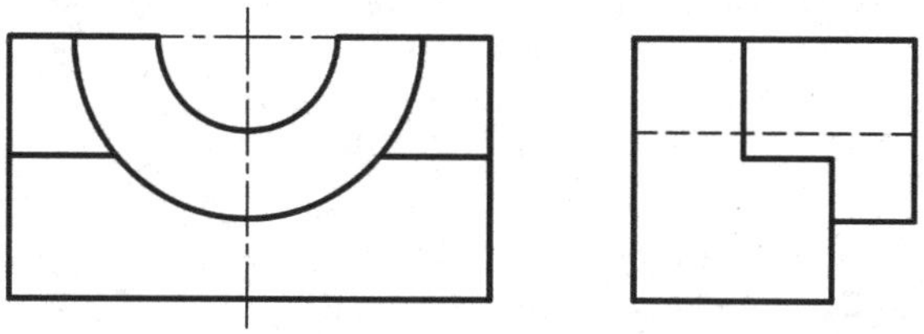

6-3 画出下列形体的斜二测图。

1.

2.

学生可沿此线剪下上交

6-4　画出建筑形体的水平斜轴测图。

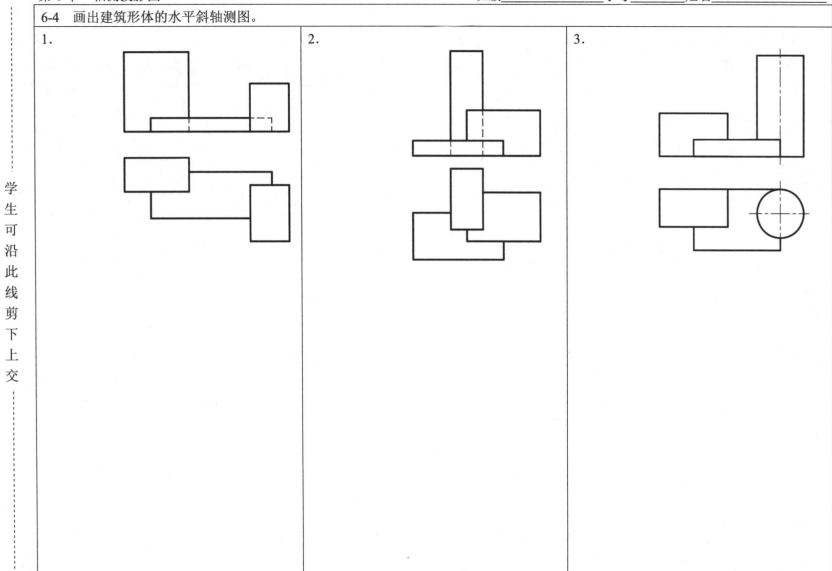

1.

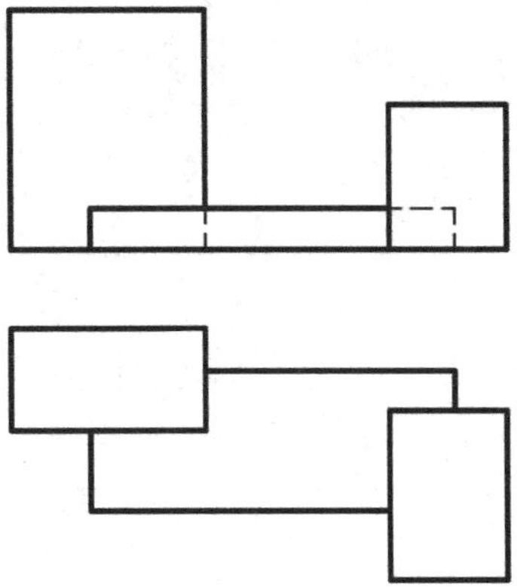

2.

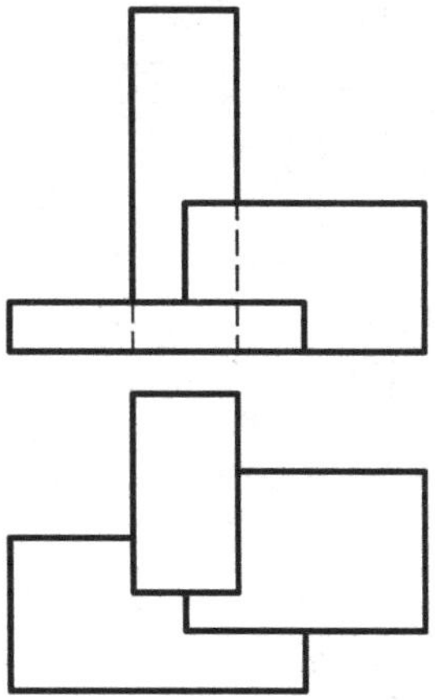

3.

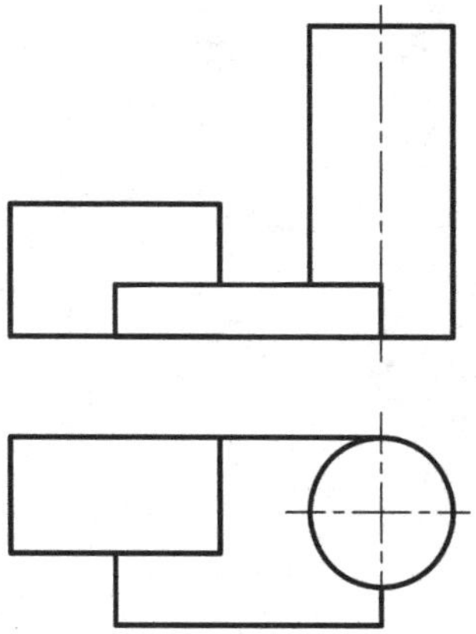

学生可沿此线剪下上交

6-5　绘制建筑形体的轴测图。

1．目的

(1) 了解轴测投影的形成、种类和基本性质。

(2) 掌握轴测投影图的基本画法。

2．要求

(1) 读懂形体的三面投影图。

(2) 尺寸照图量取，比例自定，铅笔描深。

3．作业内容

绘制右图：(1)休息亭的正等测图；(2)房屋的正面斜等测图。

4．作业指导

(1) 图纸：A4 幅面绘图纸(横放)。

(2) 铅笔：准备 2H、HB、B 三种型号的铅笔，打底稿用 2H，描深用 HB 或 B，写字用 HB。

(3) 图线：建议图线的基本线宽(粗实线的线宽)b 用 0.7mm 或 0.5mm，其余各类线型的线宽应符合线宽比例规定，同类图线应均匀一致，不同类图线应线型、粗细分明。

(4) 字体：汉字用仿宋体，字母、数字用标准字体书写。建议标题栏中的图名和校名用 7 号字；其余文字用 5 号字。

5．绘图步骤

(1) 先在三视图中确定出坐标原点的位置及坐标轴 X、Y、Z。

(2) 绘制轴测投影轴 X_1、Y_1、Z_1。

(3) 根据轴测投影的基本性质，运用坐标法，结合叠加、挖切等方法依次作出各个组成部分的轴测图。

(4) 检查无误后，擦去多余作图线，描深图线(虚线可省略不画)。

(5) 填写标题栏中的图名、校名、比例等内容。

(1) 作休息亭的正等测图。

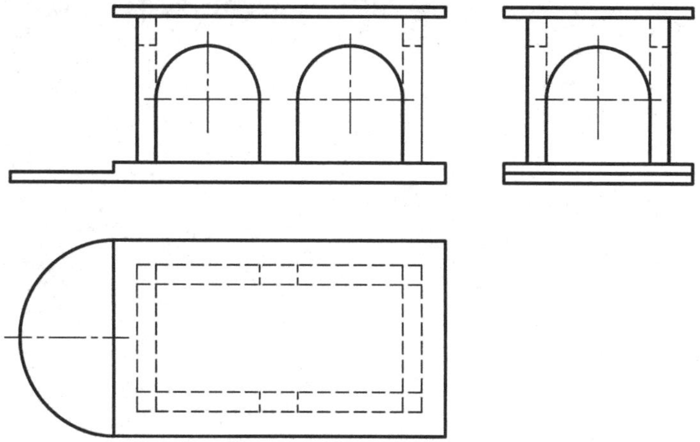

(2) 作房屋的正面斜等测图。

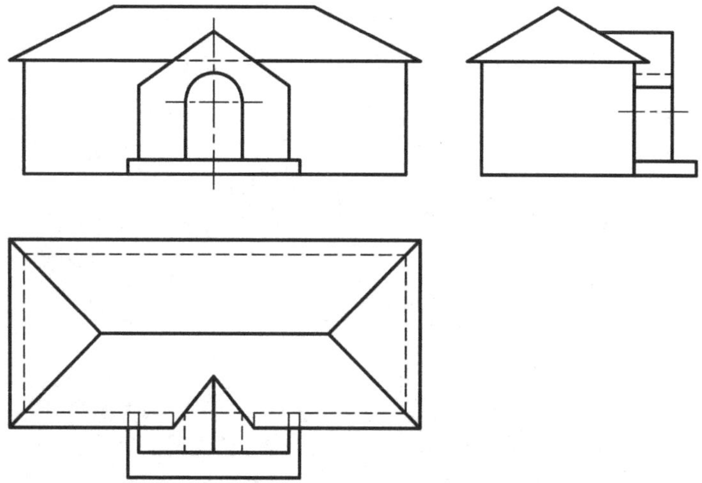

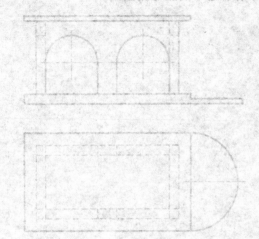

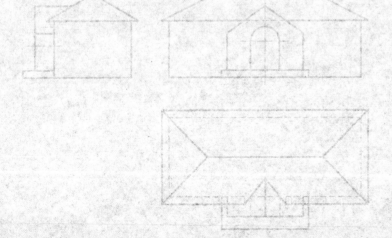

学生可沿此线剪下上交

7-1　已知形体的正面图、平面图和左侧面图，补画出其他三个基本视图。

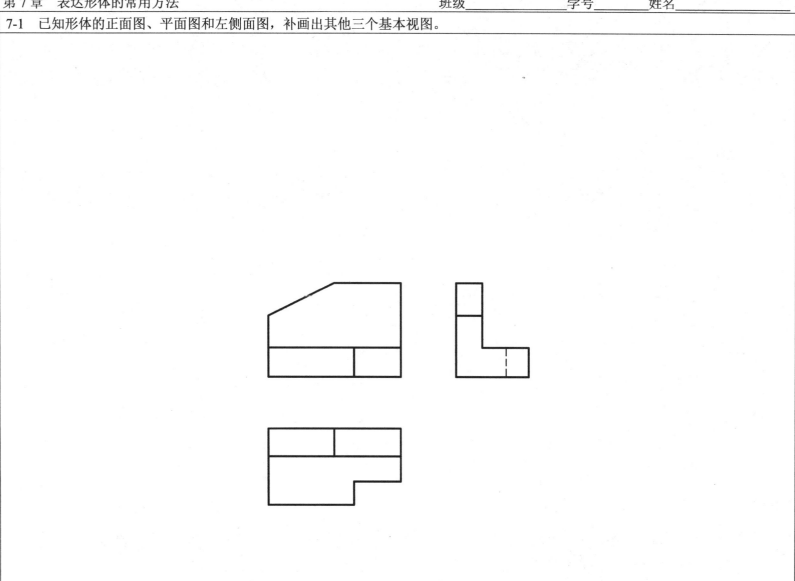

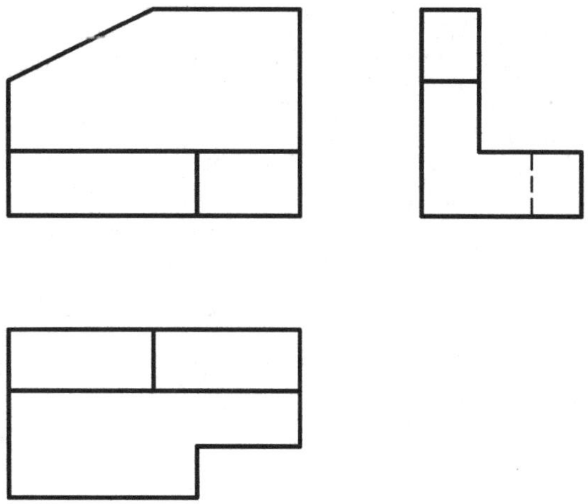

学生可沿此线剪下上交

7-2　补全下列剖面图中漏画的线，并说明漏画的线是面还是交线的投影。

1.

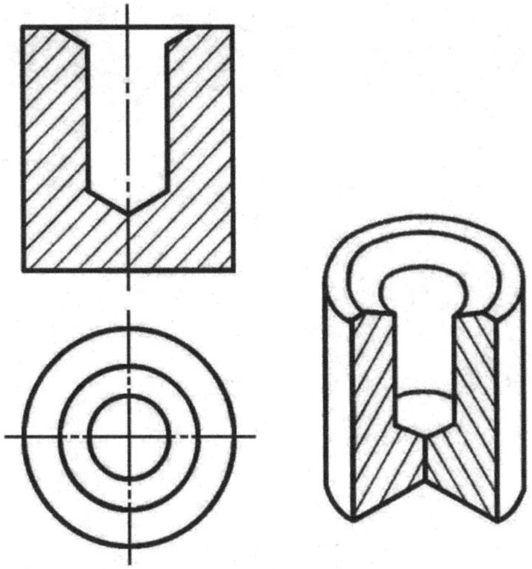

漏画的线是________的投影。

2.

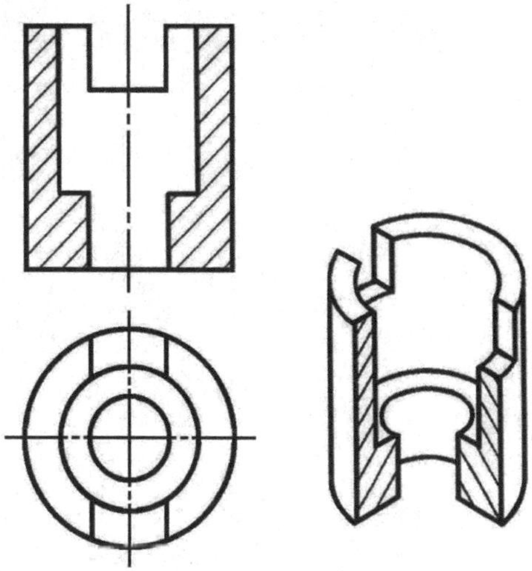

漏画的线是________的投影。

3.

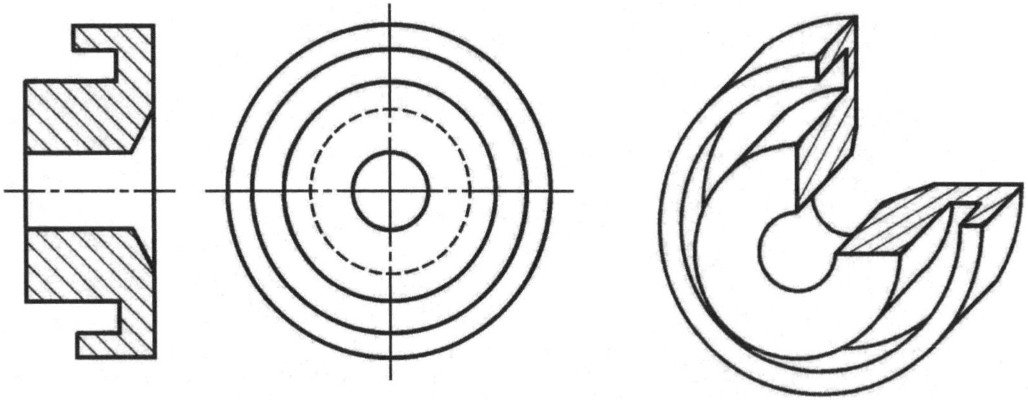

漏画的线是________的投影。

学生可沿此线剪下上交

7-3　作下列形体的 1-1、2-2 剖面图。

1．台阶。

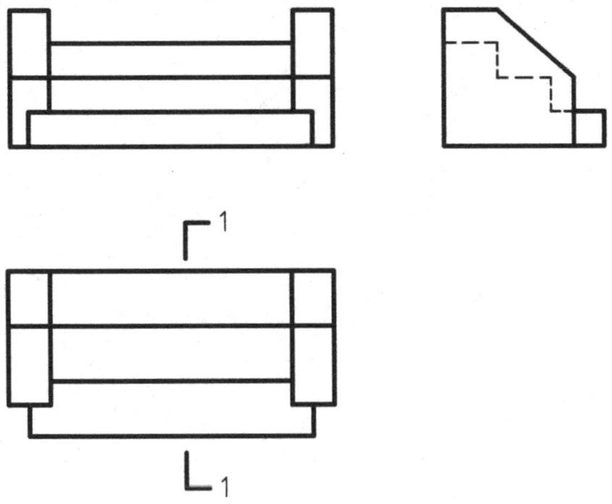
1
1

2．水池。

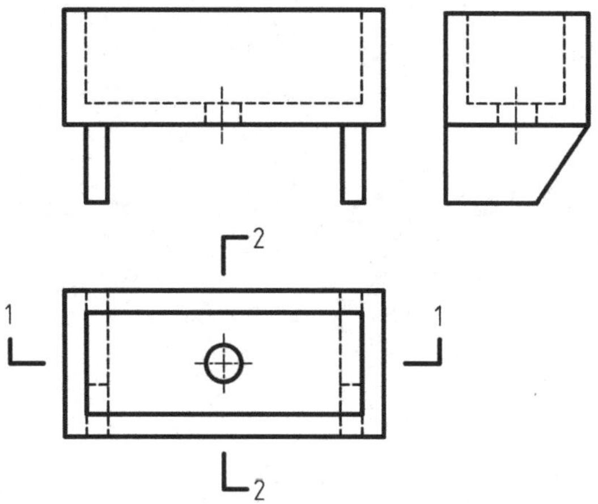
2
1
1
2

班级______________学号________姓名________________

7-4　改正下列剖面图中的错误(将缺的线补上，在多余的线上打“×”)。

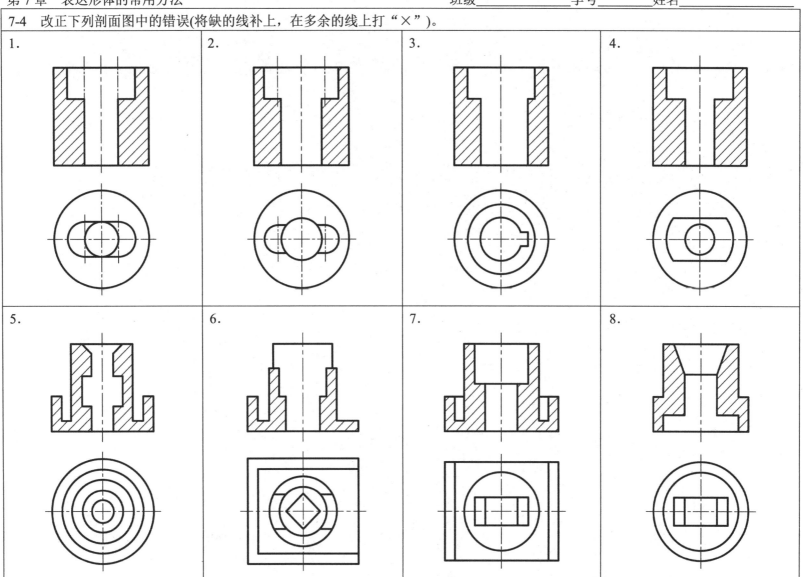

1.

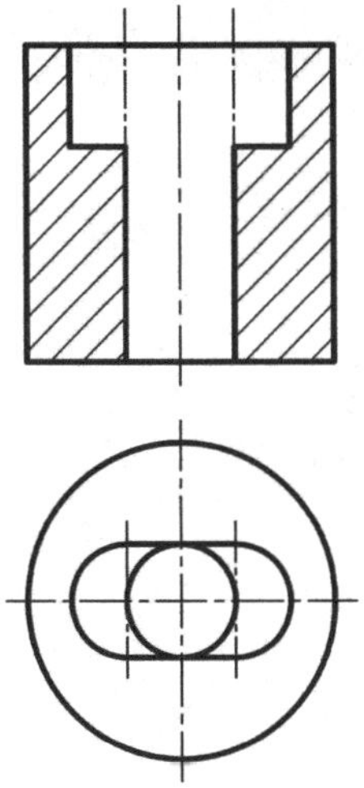

2.

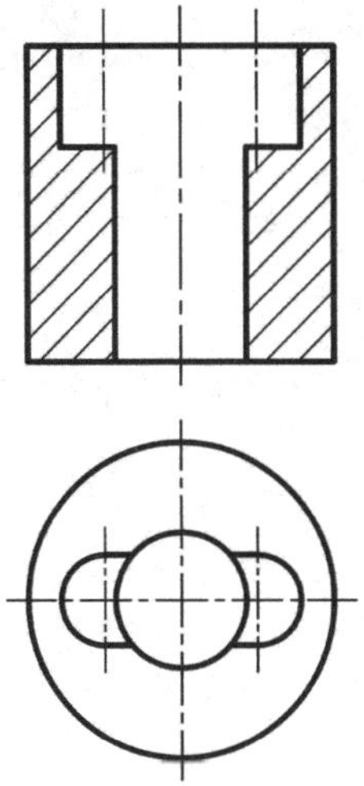

3.

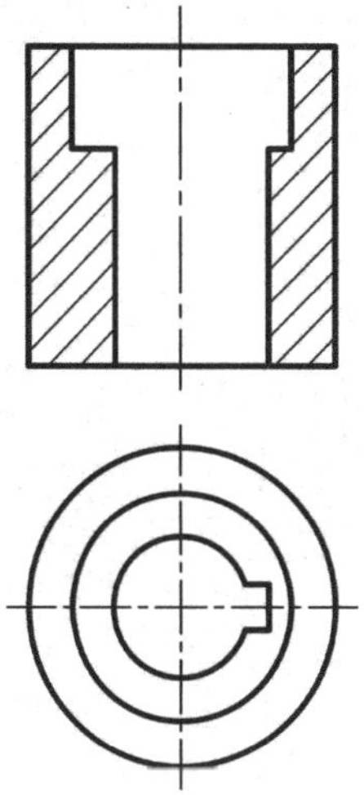

4.

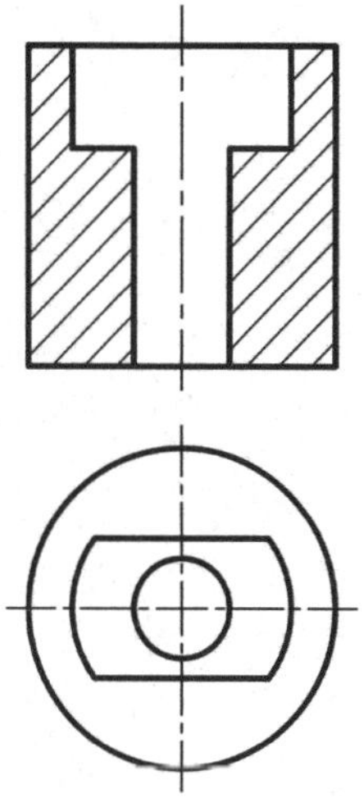

5.

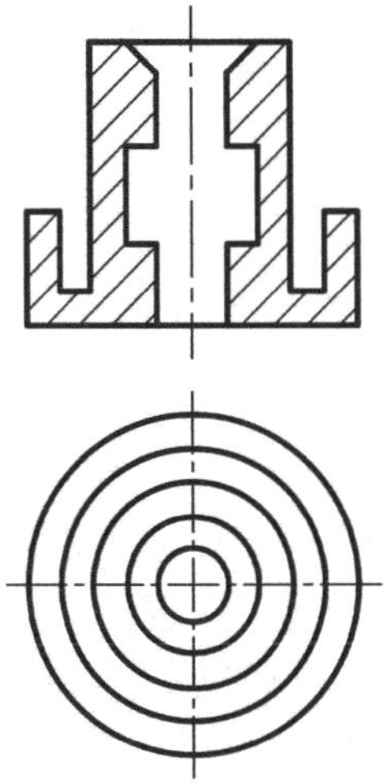

6.

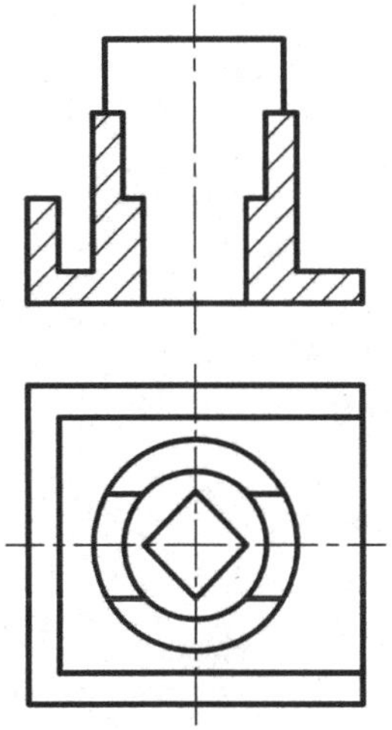

7.

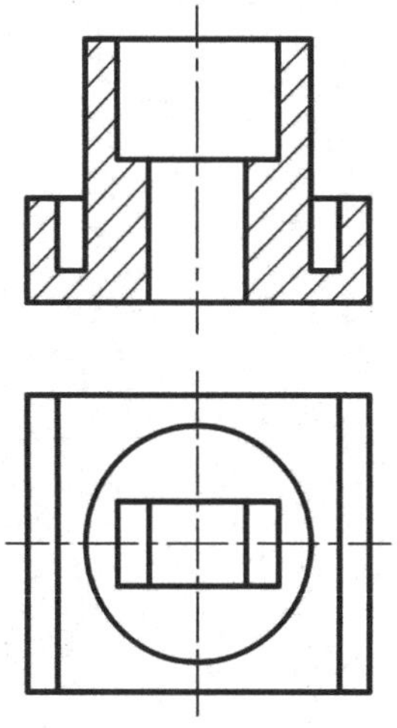

8.

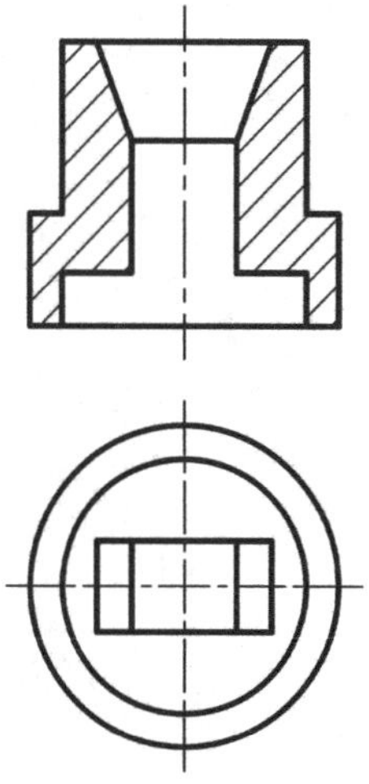

学生可沿此线剪下上交

7-5　作建筑形体的 1-1 剖面图(雨棚与台阶同宽)。

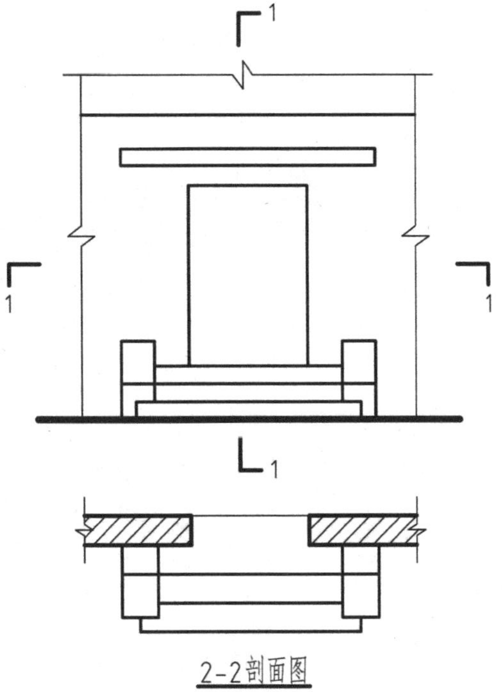
1
1
1
1
2-2剖面图

7-6　作基础的 1-1、2-2 剖面图(1-1 画全剖，2-2 画半剖；材料为钢筋混凝土)。

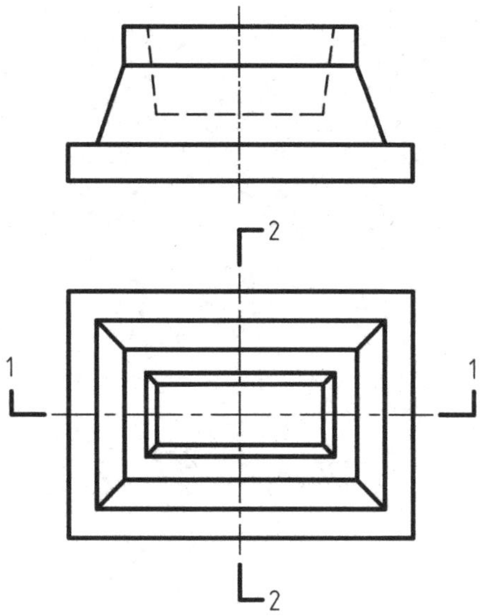
2
1
1
2

学生可沿此线剪下上交

7-7　补画出平面图(将平面图画成局部剖面图；材料为混凝土)。

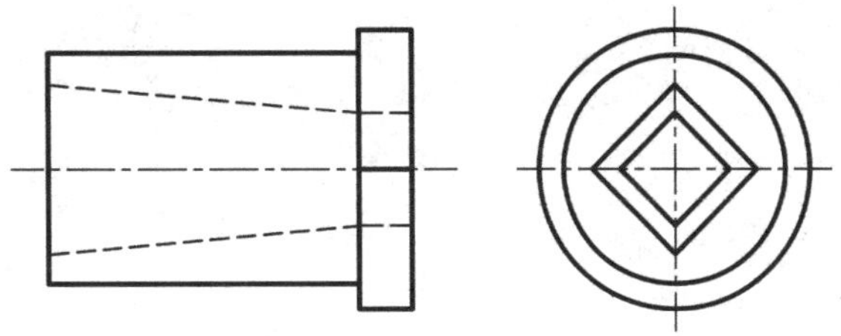

7-8　补画出平面图(将平面图画成局部剖面图；材料为金属)。

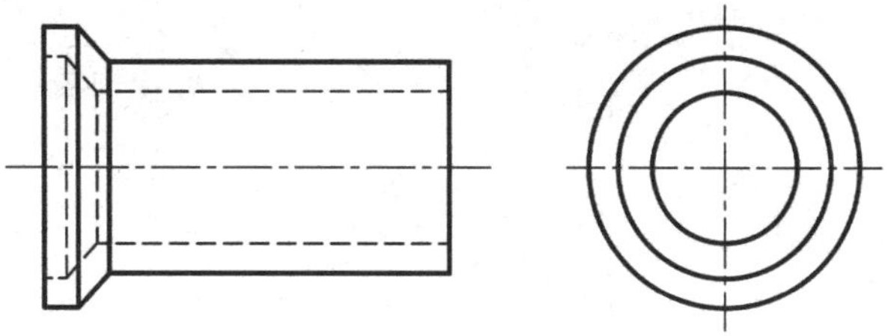

7-9　指出局部剖面图中的错误，将正确的画在右边。

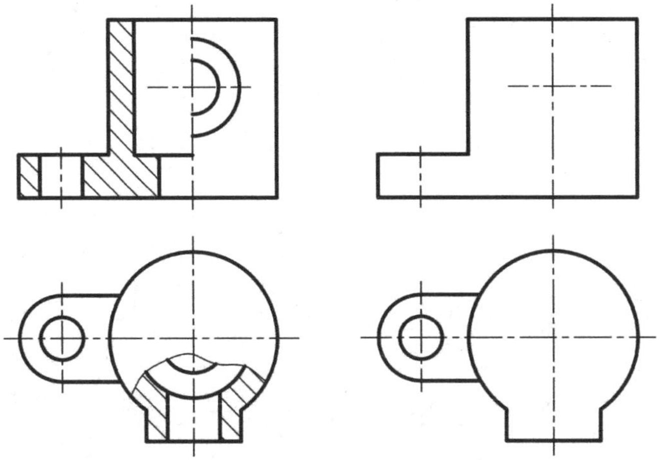

7-10　将正面图和平面图改画成适当的局部剖面图(改画在右边)。

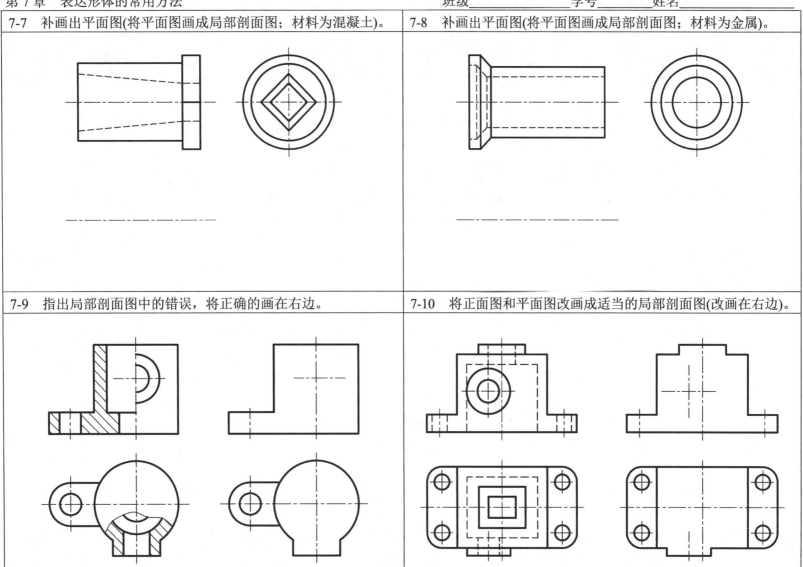

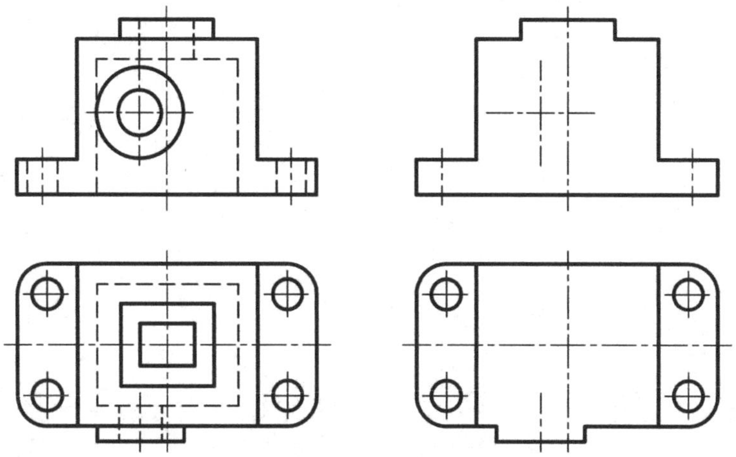

学生可沿此线剪下上交

7-11　按指定的剖切位置作形体的 1-1 剖面图。

1．阶梯剖。

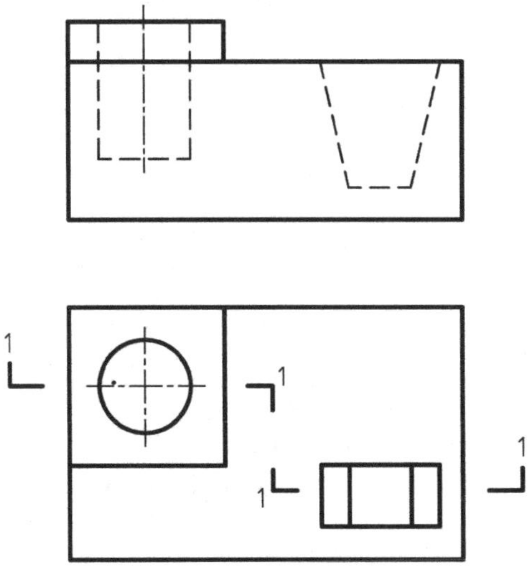

1
1
1
1

2．旋转剖。

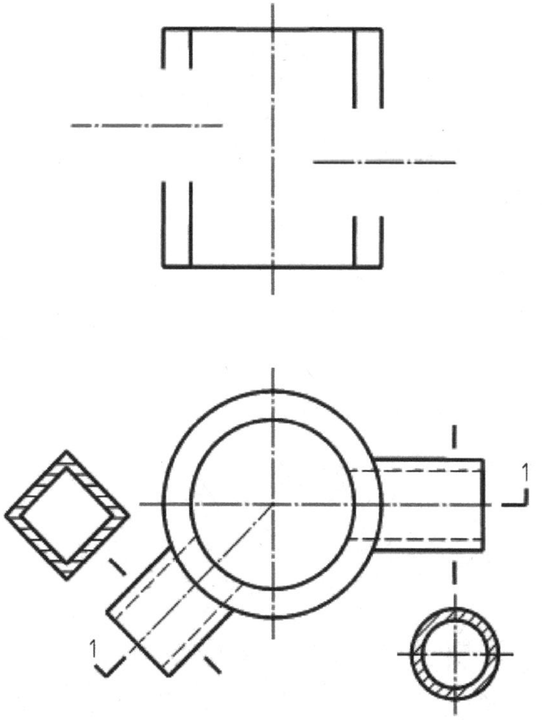

1
1

学生可沿此线剪下上交

7-12　作形体的 1-1～5-5 断面图(材料为钢筋混凝土) 。

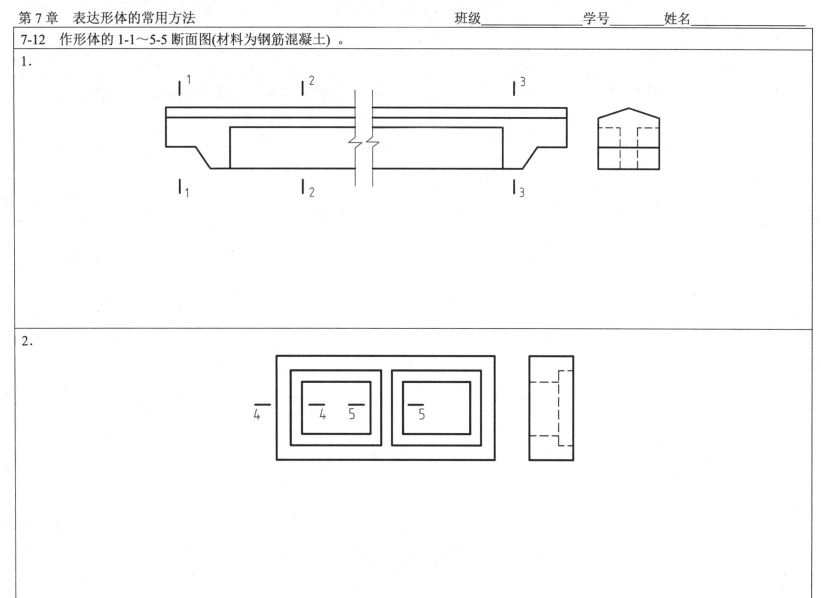

1.

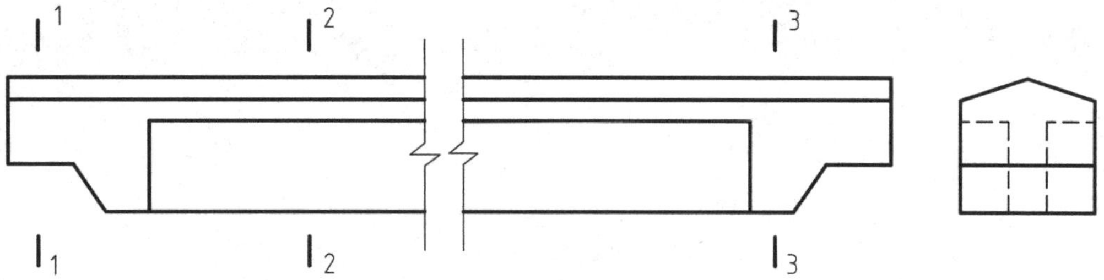

1
2
3
1
2
3

2.

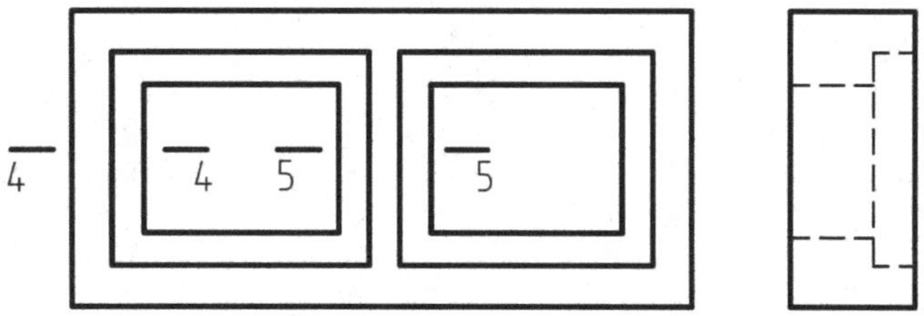

4
4
5
5

学生可沿此线剪下上交

7-13　作形体的 1-1～3-3 断面图(材料为钢筋混凝土)。

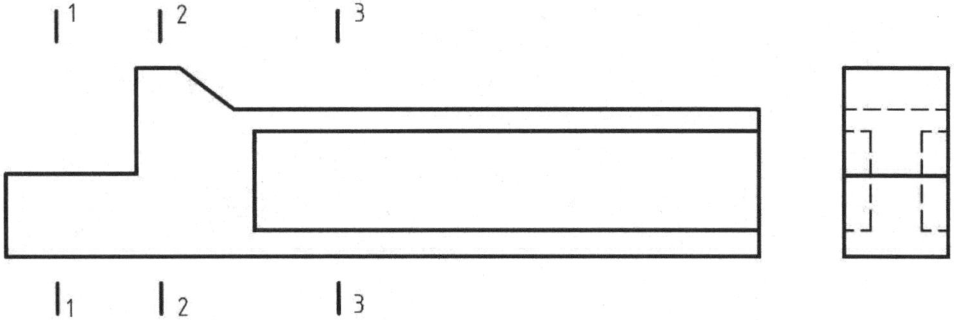
1
2
3
1
2
3

7-14　作出水栓的 1-1 断面图(材料为金属)。

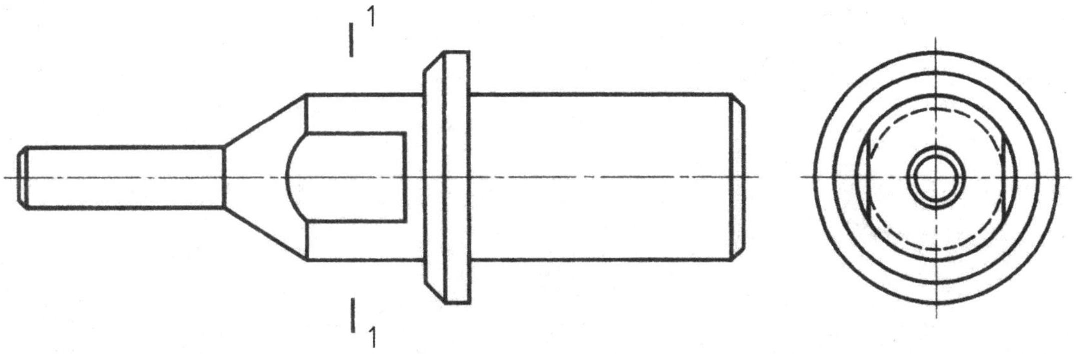
1
1

7-15　作柱子的 1-1～3-3 断面图(材料为钢筋混凝土)。

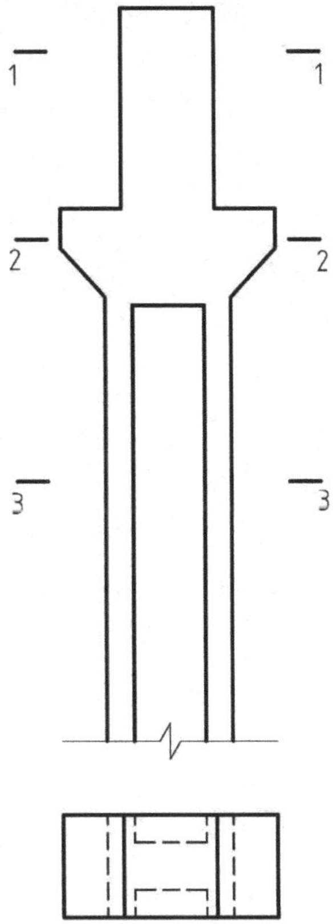
1
1
2
2
3
3

7-16　在正面图中画出 1-1 重合断面图。

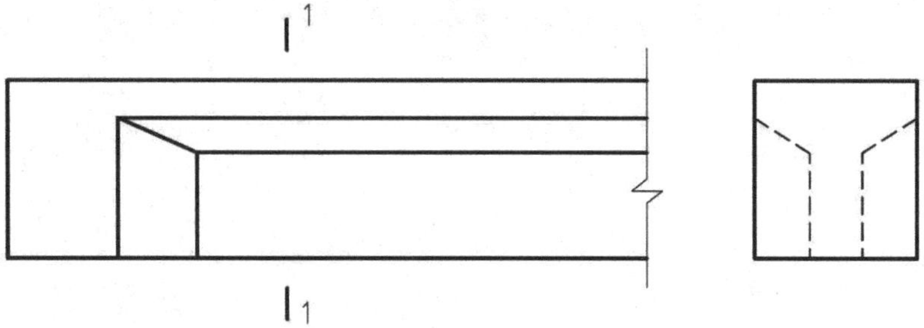
1
1

7-17　将 1-1 剖面图中的装饰部分用重合断面表示在正立面图中。

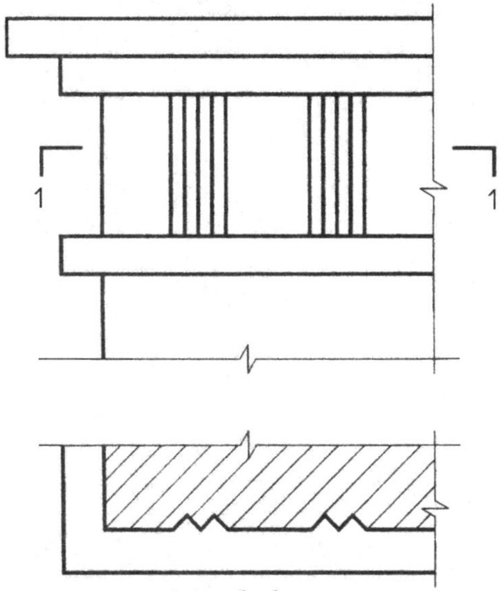
1
1

1-1

学生可沿此线剪下上交

8-1　根据已知条件画出建筑形体的一点透视图。

1．台阶。

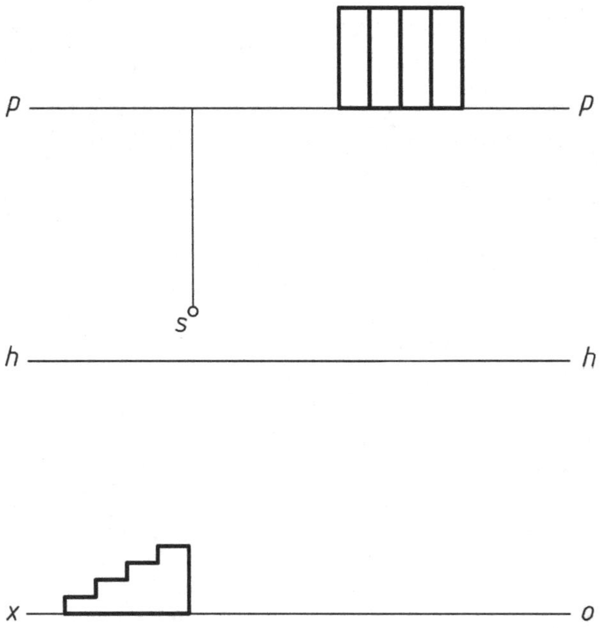
p
p
s
h
h
x
o

2．两坡房屋。

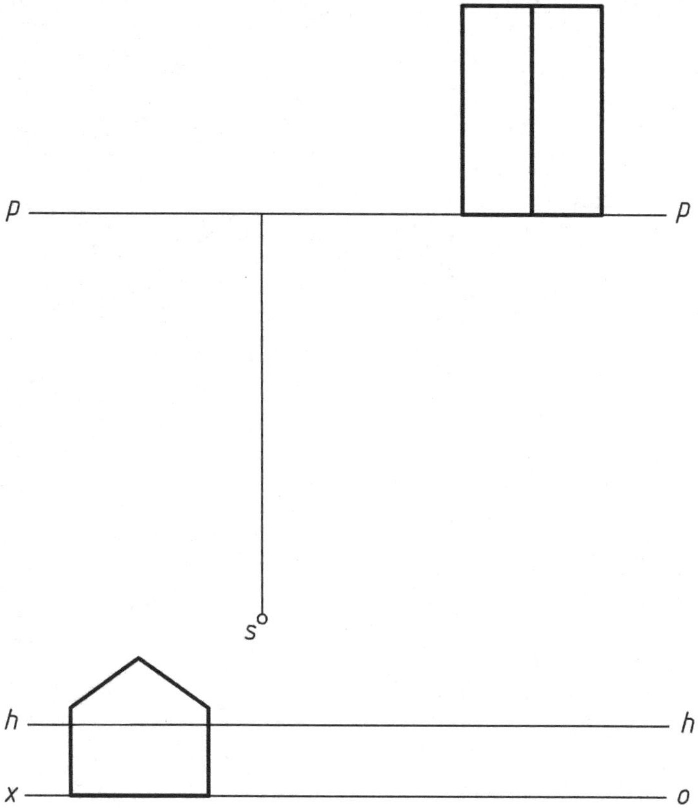
p
p
s
h
h
x
o

学生可沿此线剪下上交

8-2　根据已知条件画出建筑形体的两点透视图。

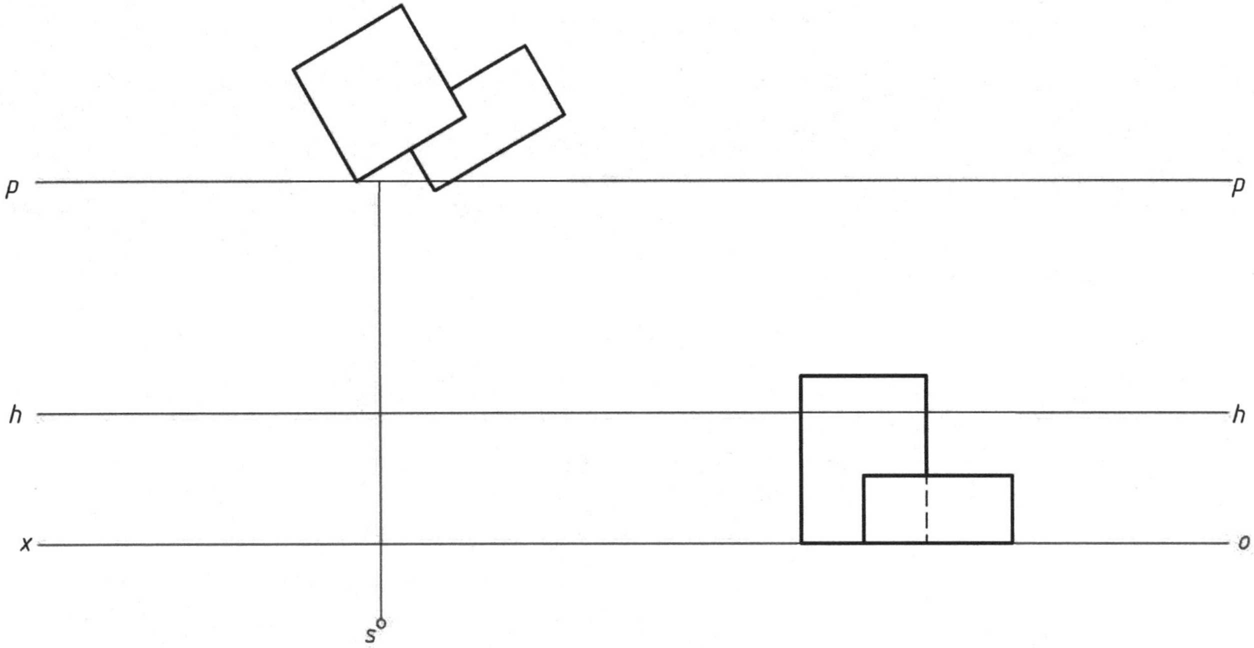
p
p
h
h
x
o
s

学生可沿此线剪下上交

8-3　根据已知条件画出建筑形体的两点透视图。

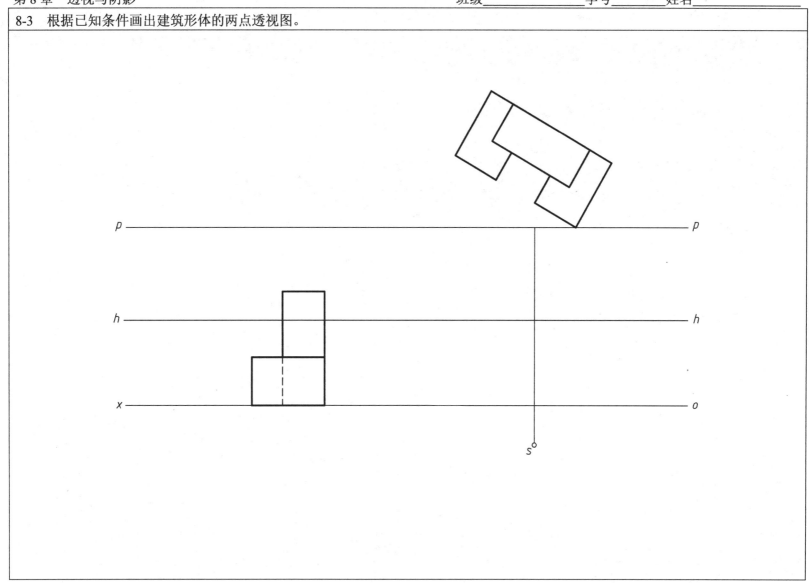

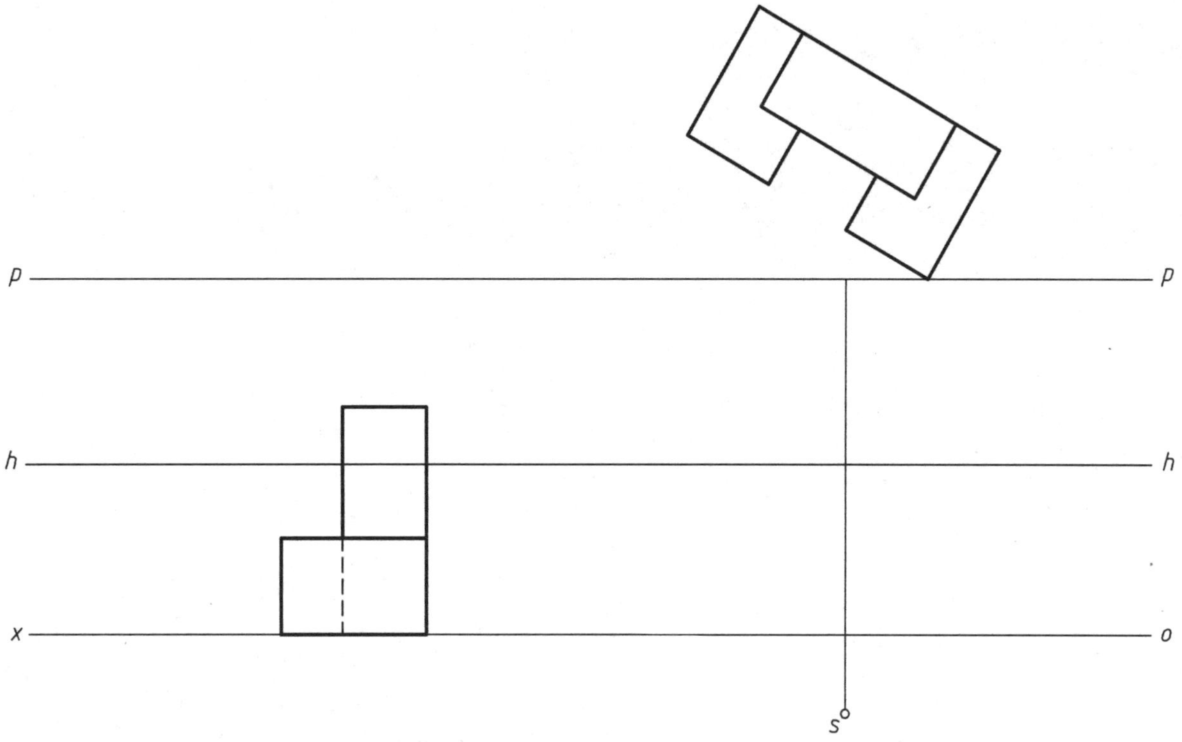
p
p
h
h
x
o
s

学生可沿此线剪下上交

8-4　根据已知条件画出建筑形体的两点透视图。

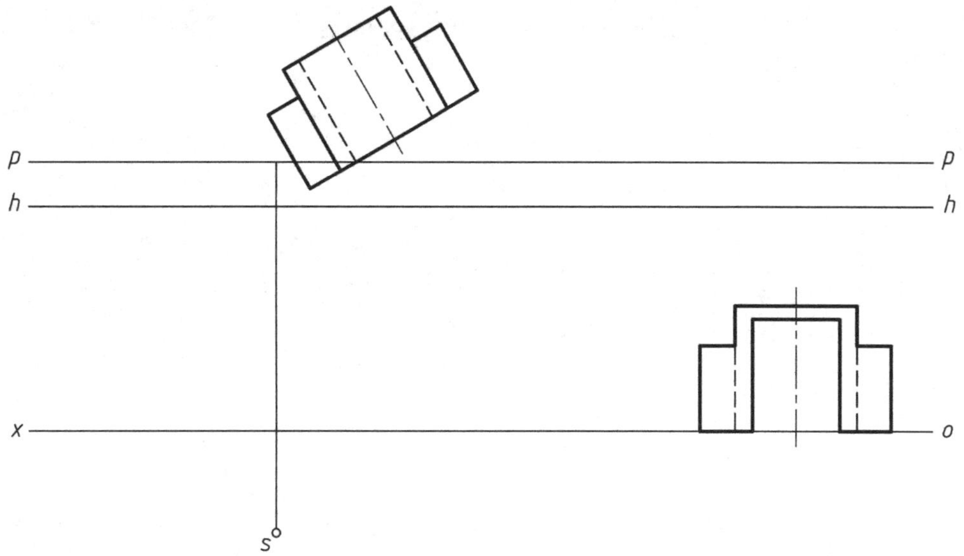
p
p
h
h
x
o
s

8-5　根据已知条件画出建筑形体的两点透视图。

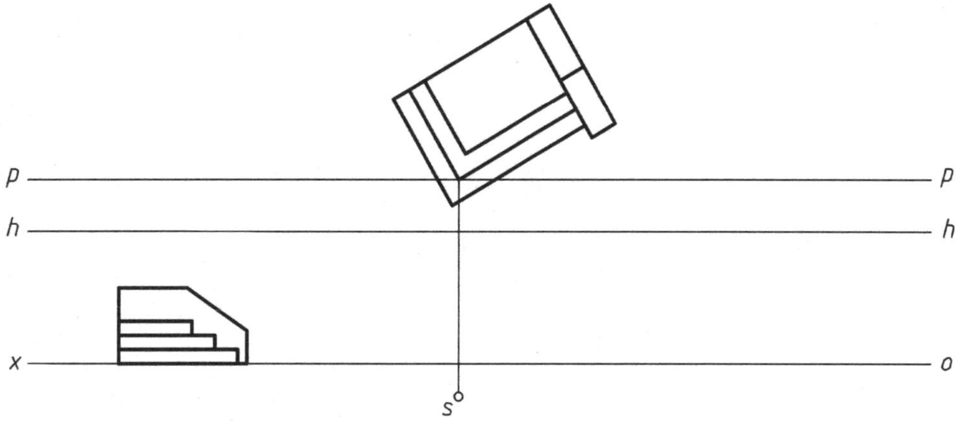
p
p
h
h
x
o
s

8-6　根据已知条件画出建筑形体的两点透视图。

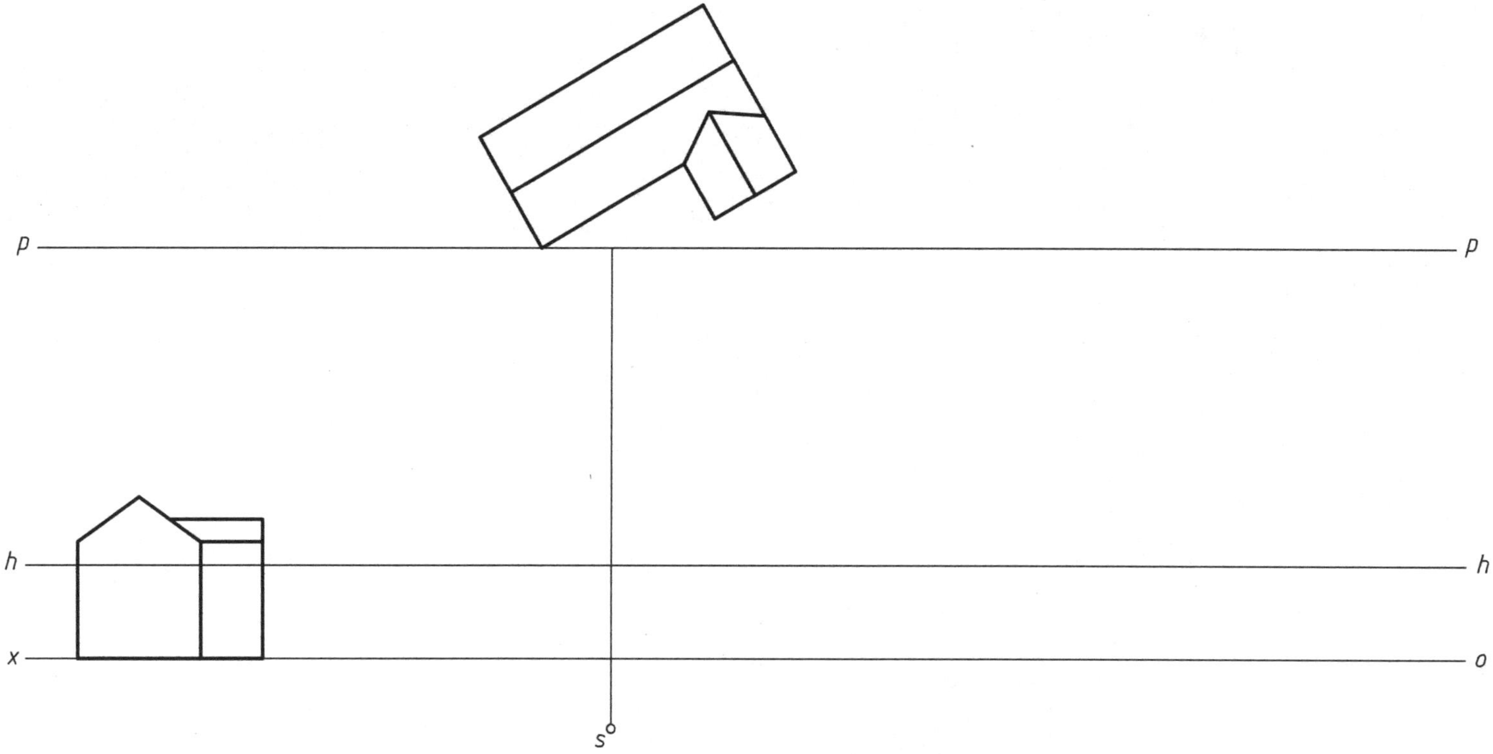
p
p
h
h
x
o
s

学生可沿此线剪下上交

学生可沿此线剪下上交

8-7　根据已知条件画出建筑形体的两点透视图。

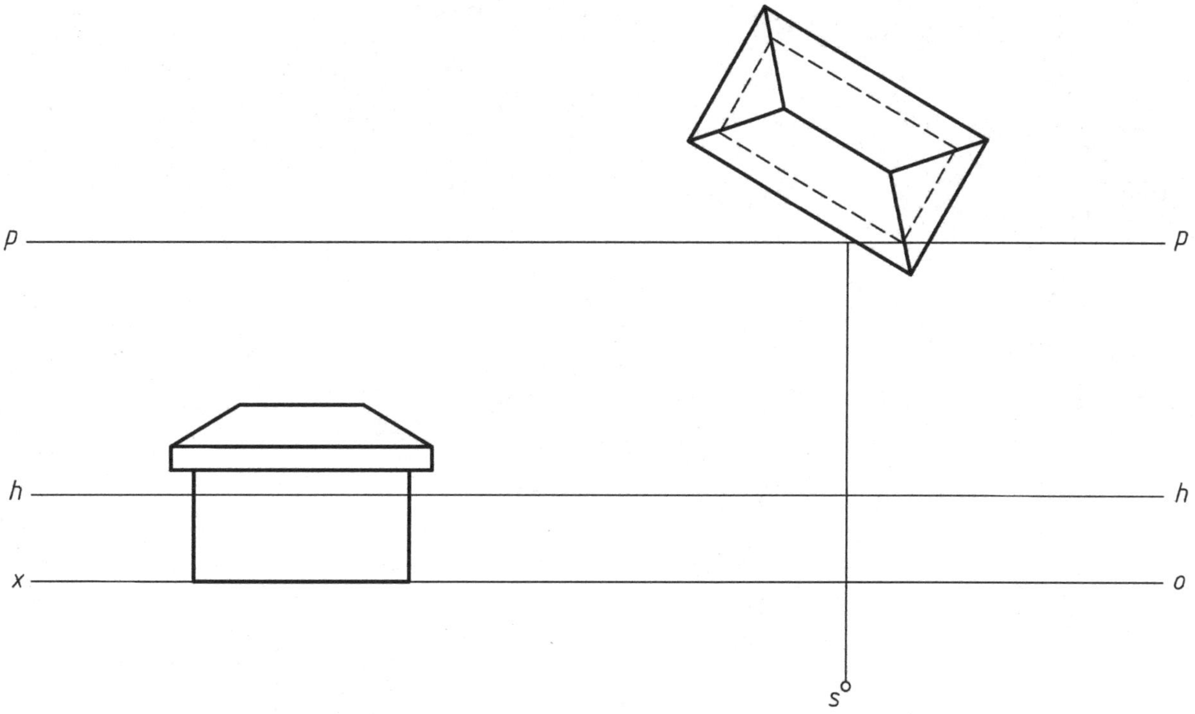
p
p
h
h
x
o
s

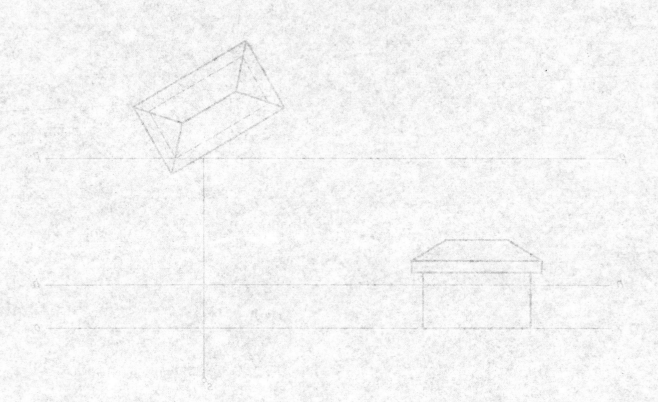

学生可沿此线剪下上交

8-8　求作 *B* 点在平面 *Q* 上的落影。

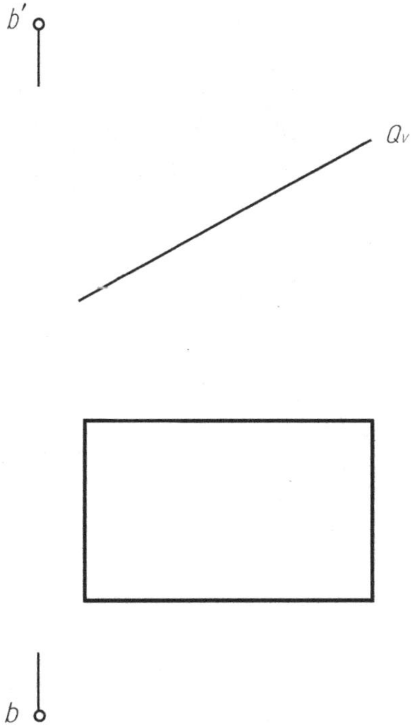
b′
Qv
b

8-9　求作 *A* 点在△*BCD* 上的落影。

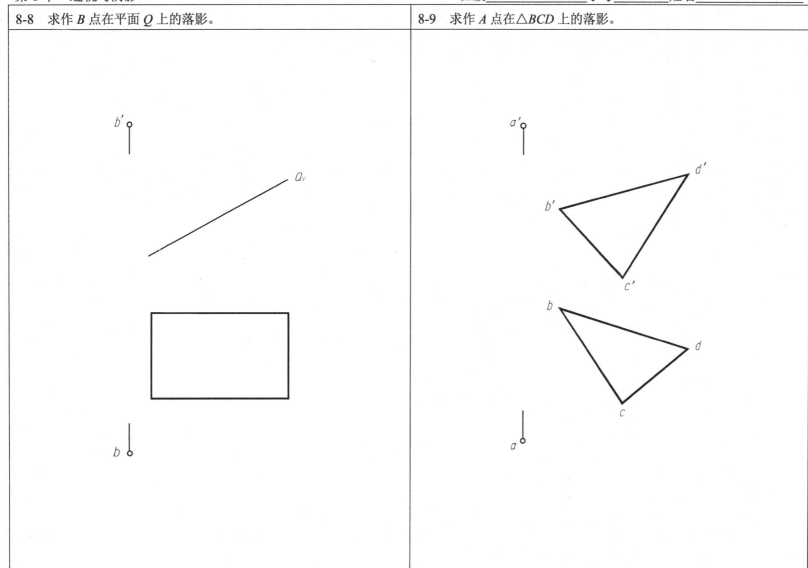

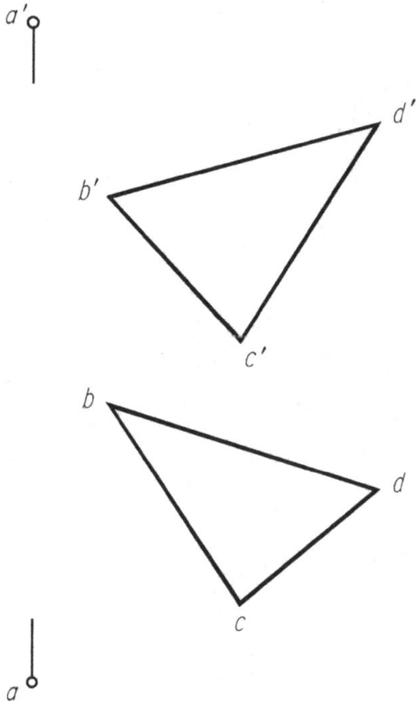
a′
d′
b′
c′
b
d
c
a

学生可沿此线剪下上交

8-10　求作 *C*、*D* 两点在投影面上的落影及假影。

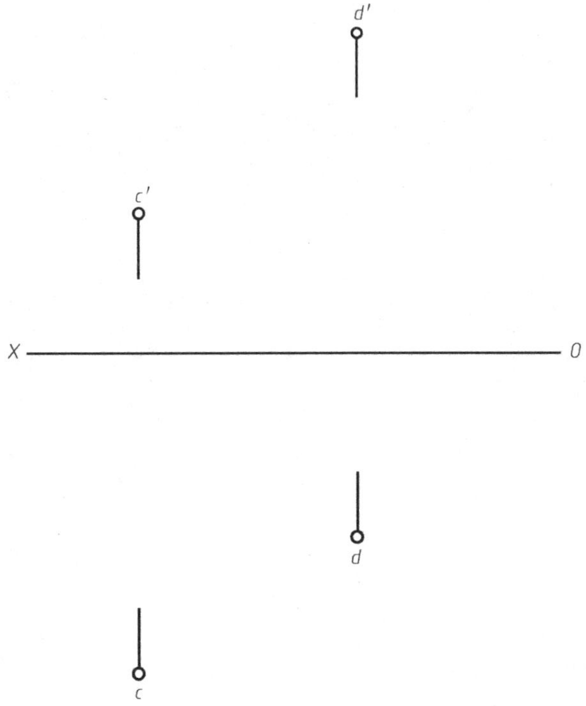

d′
c′
X
O
d
c

8-11　求作直线 *AB* 在平面 *P* 上的落影。

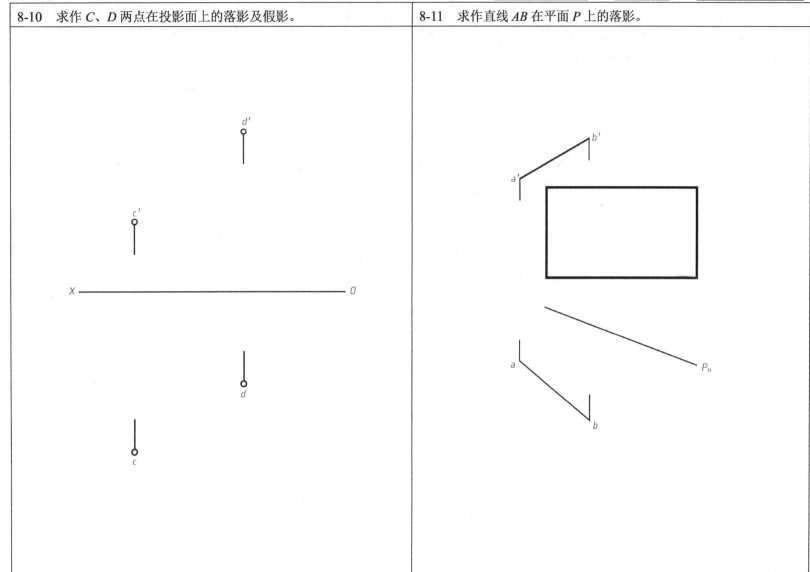

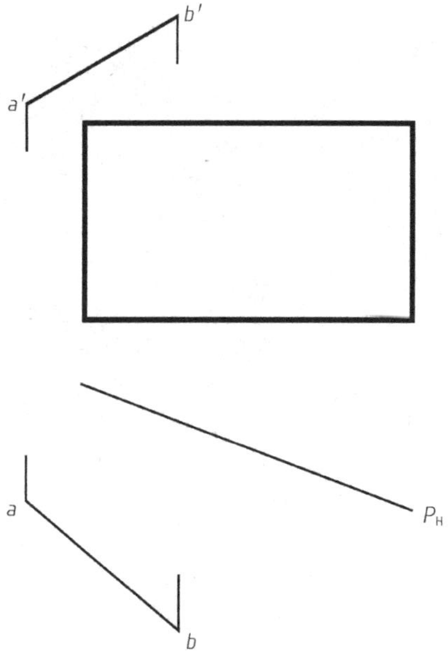

b′
a′
a
P_H
b

学生可沿此线剪下上交

8-12　求作直线 *CD* 在投影面上的落影。

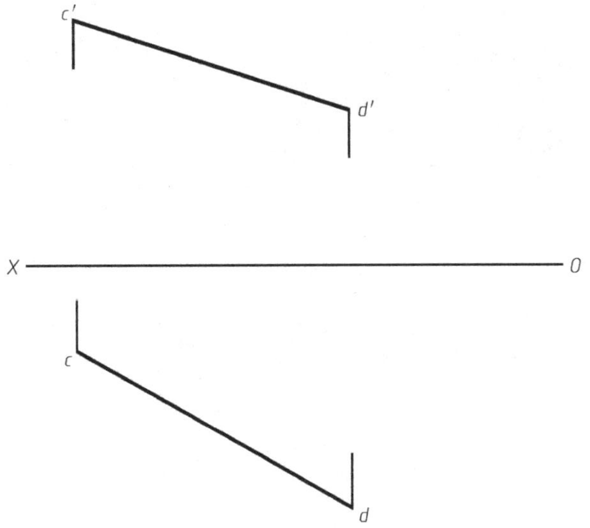
c'
d'
X
O
c
d

8-13　求作平面在墙面上的落影。

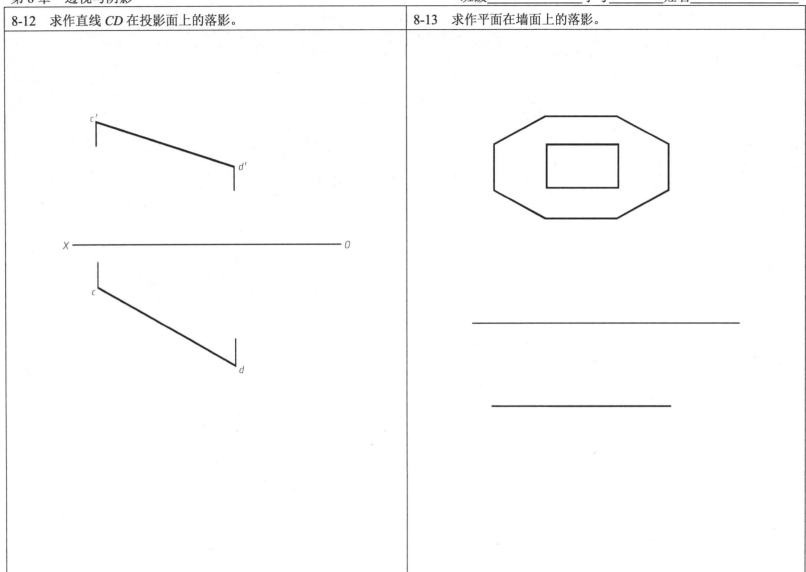

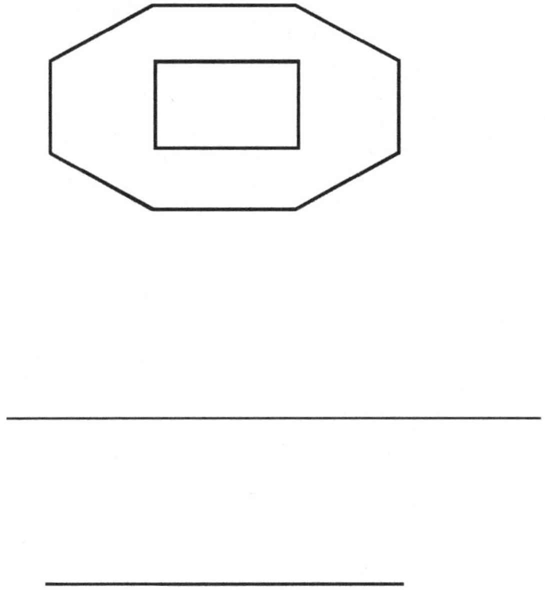

学生可沿此线剪下上交

8-14　作出折杆 *ABC* 和四边形的全部落影。

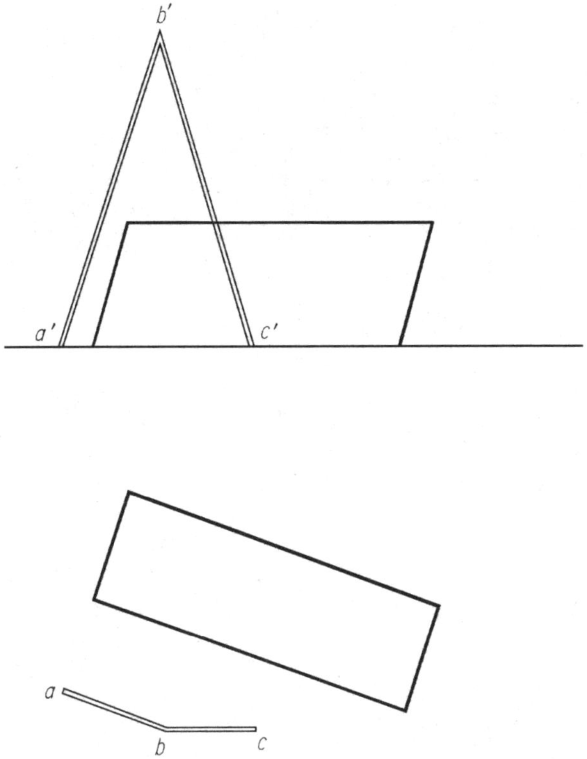
b′
a′
c′
a
b
c

8-15　作出三角形和梯形的全部落影。

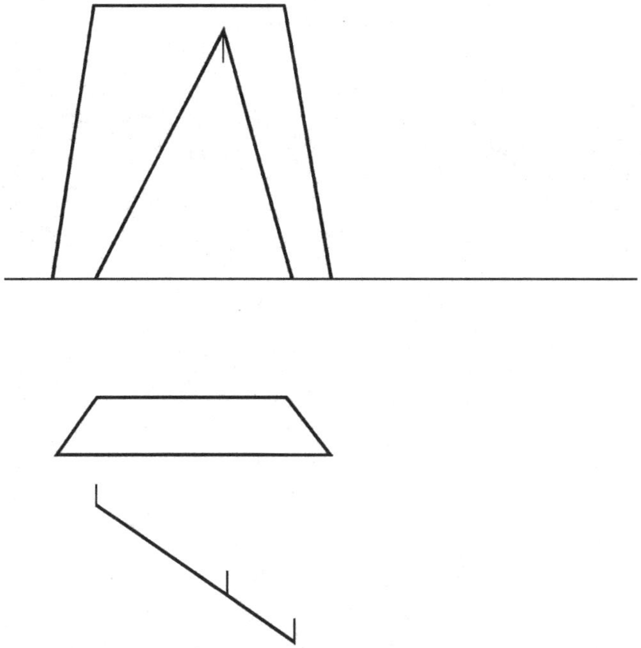

学生可沿此线剪下上交

8-16　作出四棱锥的阴影。

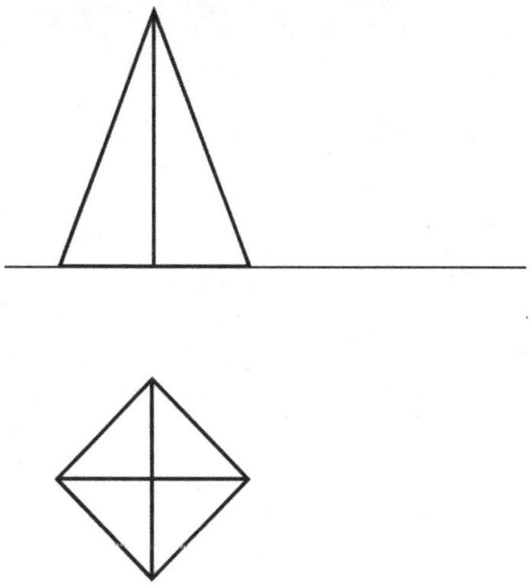

8-17　作出三棱柱的阴影。

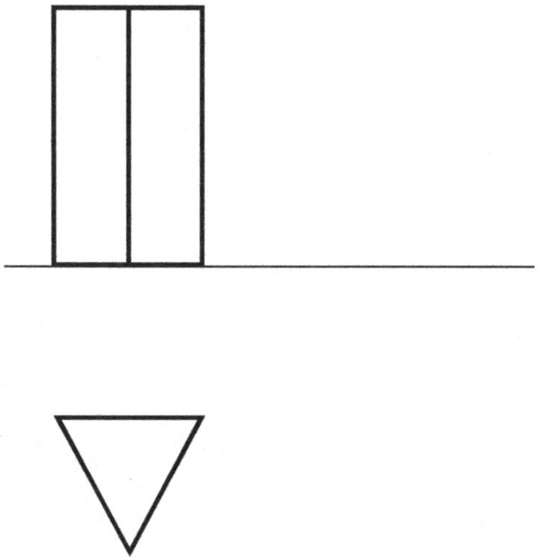

8-18　作出建筑入口的平、立面阴影。

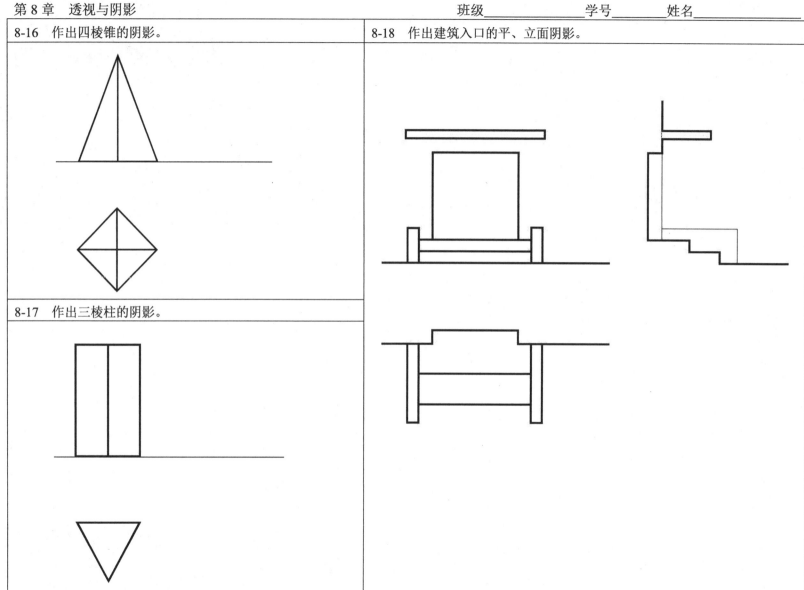

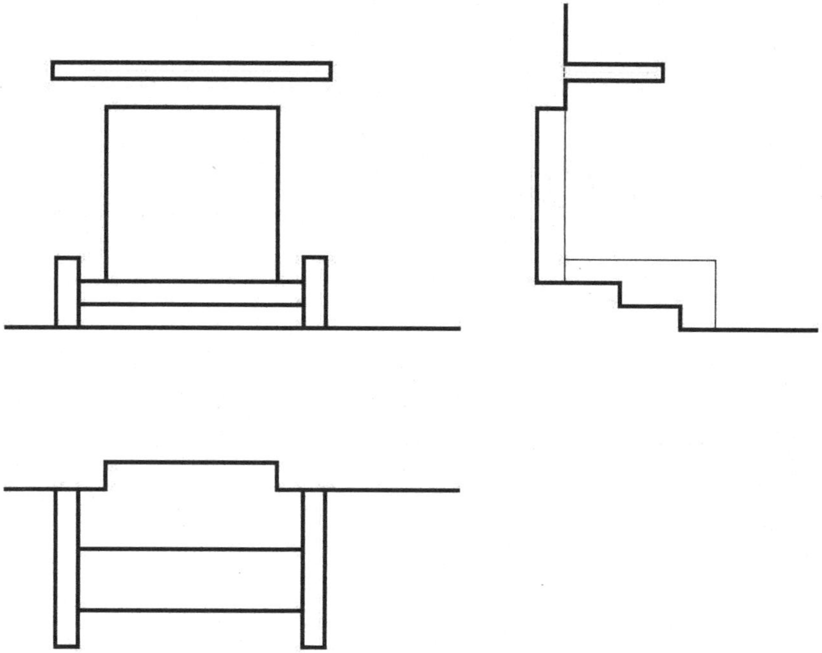

学生可沿此线剪下上交

9-1　一套房屋施工图按其内容和专业分工的不同，一般分为三类：________、________和________；其中，设备施工图包括________、________和________等。

9-2　建筑施工图是表达________________的图样，一般包括：________________等。

9-3　根据教材第 7 章“表 7-1 常用建筑材料图例”的内容，画出下列材料图例。

1．自然土壤。________

2．夯实土壤。________

3．砖。

4．沙、灰土。

5．钢筋混凝土。

6．金属。

9-4　在下划线上写出下列符号的名称，在引出线上说明符号中数字的意义。

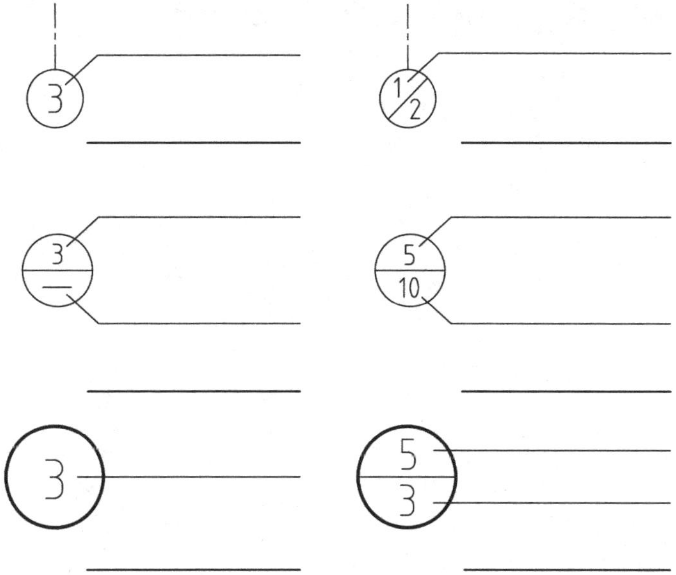

3
1
2
3
—
5
10
3
5
3

9-5　在下图窗图例的下划线上写出窗的名称，并在立面图中画出开启方向线。

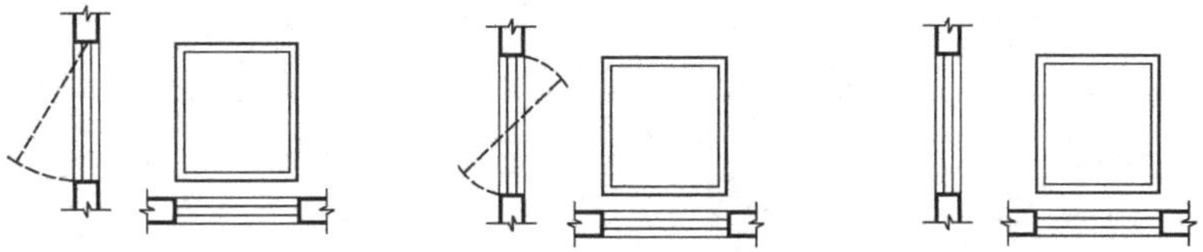

________　________　________

学生可沿此线剪下上交

9-6　建筑总平面图是新建建筑在基地范围内的总体________图。其主要反映新建建筑与原有建筑的________、________、________以及与____________之间的关系。

9-7　总平面图中标注的尺寸以______为单位，一般标注到小数点后________位；其他建筑图样(平、立、剖面图)中所标注的尺寸则以________为单位。

9-8　写出下列总平面图图例的名称。

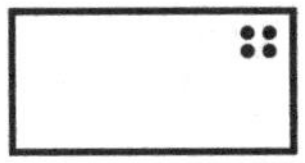

____

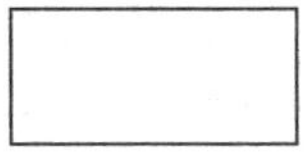

____

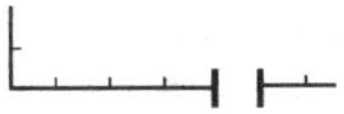

____

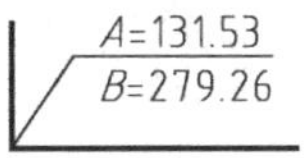
A=131.53
B=279.26

____

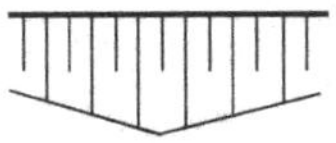

____

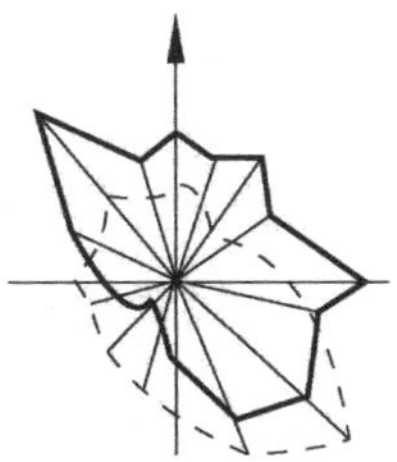
北

____

9-9　阅读下面的总平面图，把各建筑物的层数和地面标高填入表内。

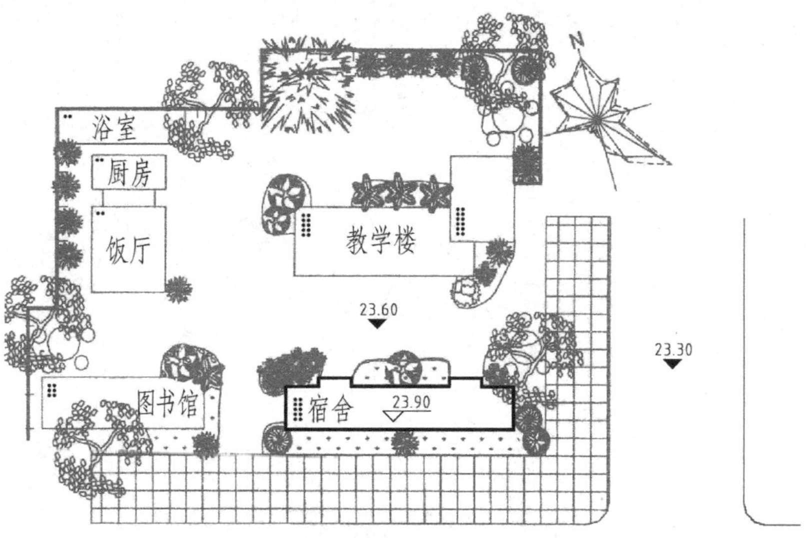
N
浴室
厨房
饭厅
教学楼
23.60
23.30
图书馆
宿舍
23.90

总平面图 1:500

名称	宿舍	教学楼	图书馆	饭厅	厨房	浴室
层数						

名称	宿舍室内地坪	室外地坪	道路
标高			

学生可沿此线剪下上交

9-10　建筑平面图(除屋顶平面图之外)实际上是剖切位置略高于＿＿＿＿＿＿处的水平剖面图。它是施工放线、＿＿＿＿＿＿＿＿＿＿＿＿＿＿＿＿＿＿＿＿＿＿等的重要依据。

9-11　右图为某传达室的一层平面图。会客室及休息室的地面标高为±0.000m，室外平台比室内地面低 30mm；墙厚为 240mm；每级台阶的踏步高为 150mm；房屋外墙的东、北、西三面设散水，散水坡宽度为 500m。

读懂该平面图后，完成如下要求。

(1) 注出所有轴线编号。

(2) 补全所缺的尺寸(按图示比例照图量取)。

(3) 注出有标高符号处的标高值。

(4) 如若 C1 窗所在的立面(外墙面)的朝向为南偏东 30°，在平面图左下角画上指北针(指北针符号按规定绘制)。

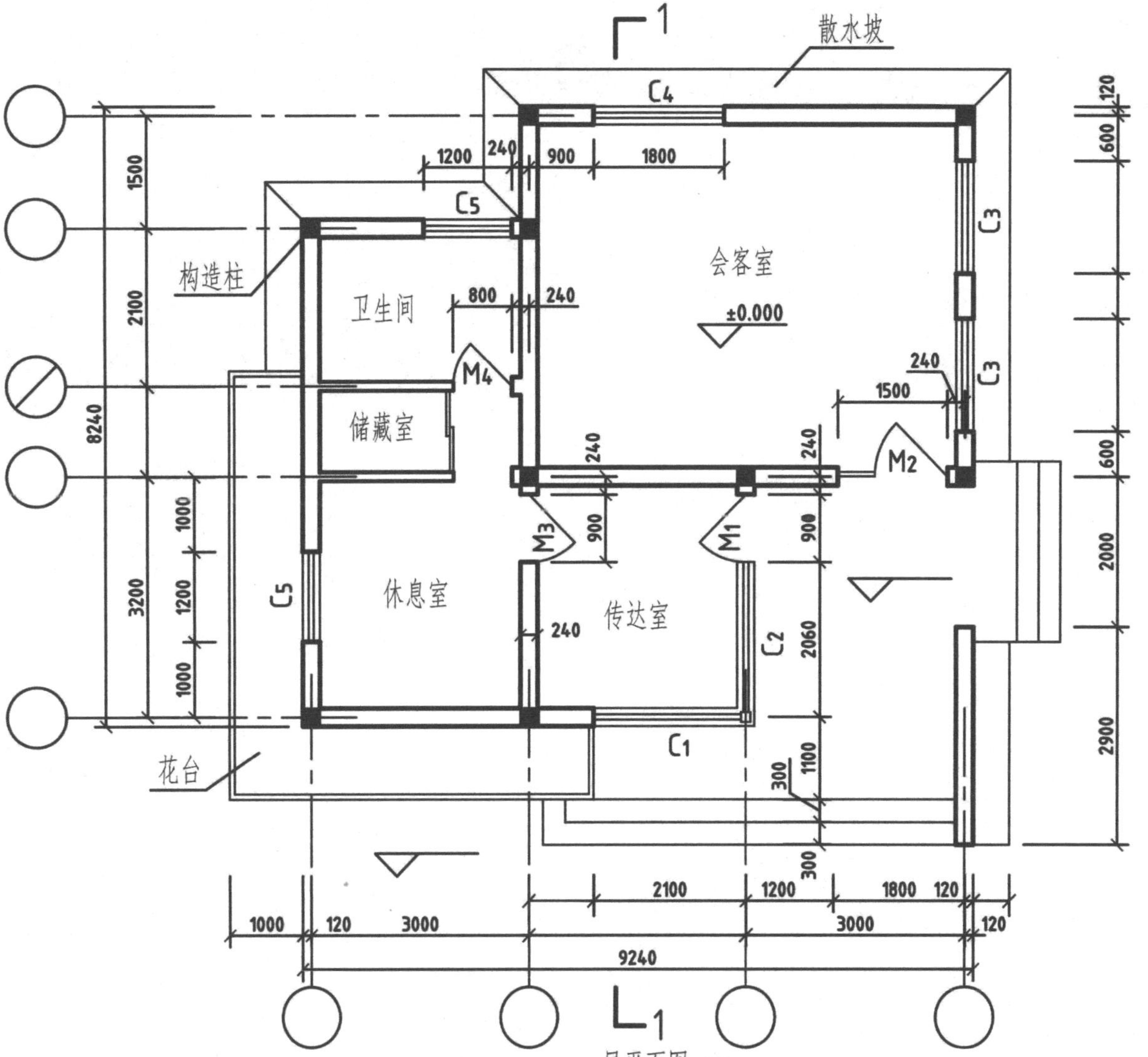

散水坡
C4
C5
C3
C3
C5
C2
C1
M1
M2
M3
M4
构造柱
卫生间
储藏室
会客室
±0.000
休息室
传达室
花台
1200
240
900
1800
800
240
240
1500
240
240
900
900
240
2060
1100
300
300
1500
2100
1000
1200
1000
3200
8240
120
600
600
2000
2900
2100
1200
1800
120
1000
120
3000
3000
120
9240

一层平面图 1:100

学生可沿此线剪下上交

9-12　建筑立面图是表达建筑物的＿＿＿＿＿＿和表明外墙面＿＿＿＿的图样。

9-13　右图为某传达室的一个立面图(其一层平面图见习题 9-11)。房屋总高为 4.08m；窗台高于室内地面 900mm，窗高 1.8mm，花台高 600mm；外墙面为浅绿色水刷石饰面，白水泥引条线。对照一层平面图，完成如下要求。

(1) 在两端轴线和图名上注出相应的轴线编号。

(2) 补全所缺的尺寸(按图示比例照图量取)。

(3) 注出有标高符号处的标高值。

(4) 在指引线上注写墙面的装饰用料。

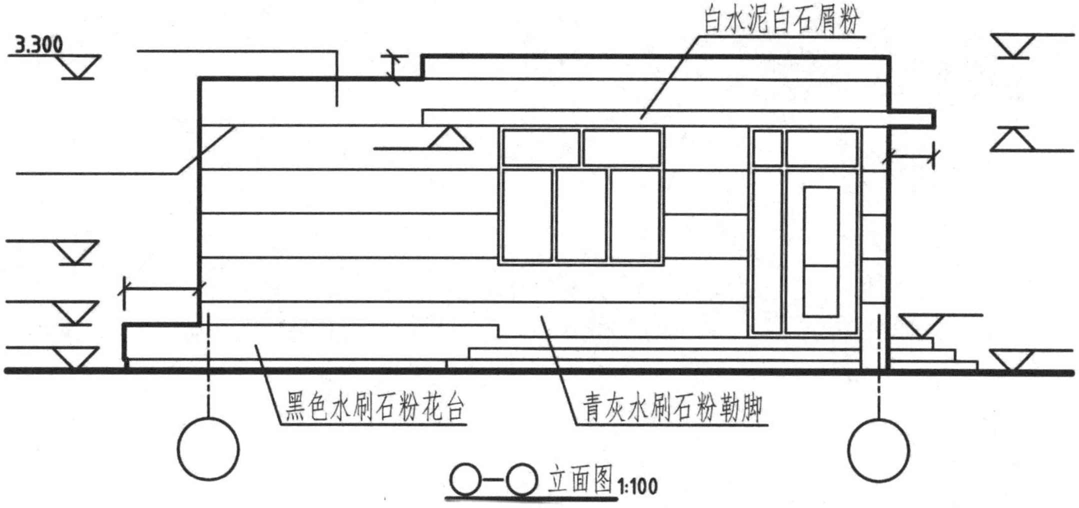
3.300
白水泥白石屑粉
黑色水刷石粉花台
青灰水刷石粉勒脚
立面图 1:100

9-14　建筑剖面图是建筑施工图中不可缺少的重要图样之一，主要用来表达建筑物内部＿＿＿＿方向的＿＿＿＿、楼层＿＿＿情况及简要的＿＿＿＿和＿＿＿＿＿等内容。

9-15　右图为某传达室的剖面图(一层平面图及立面图见习题 9-11、9-13)。对照一层平面图与立面图，完成如下要求。

(1) 注出所有轴线编号。

(2) 补全所缺的尺寸(按所示比例照图量取)。

(3) 注出有标高记号处的标高值。

(4) 注全该剖面图的图名。

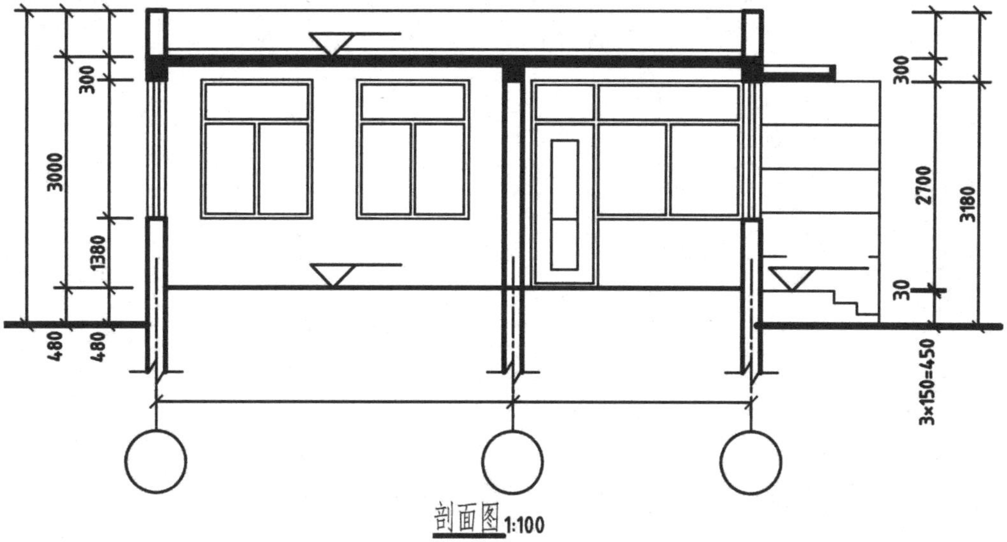
300
3000
1380
480
480
300
2700
3180
30
3×150=450
剖面图 1:100

学生可沿此线剪下上交

9-16 建筑详图是把建筑物的细部构造用__________的比例绘制出来的图样。它是建筑平、立、剖面图的__________和深化。

9-17 施工时，为便于查阅建筑详图，应在平、立、剖面图中用________符号注明已画详图的部位、编号及详图所在图纸的编号，同时对所画出的详图以__________符号表示。

9-18 楼梯详图一般包括平面图、______图和________图等。其中，多层建筑一般需要画出________层、________层和顶层三个楼梯平面图，而顶层平面图的最大特征是：楼梯段完整，要画出_____的_____位置，只标注向“______”方向的箭头。

9-19 楼梯剖面图是假想用一个铅垂平面，通过各层的一个______和楼梯间的______洞将楼梯剖开，向另一未剖到的梯段方向投影所作的正投影图。其主要用来表达楼梯的______形式、各梯段的_______数以及楼梯各部分的________和相互关系等。

9-20 根据右图所示的楼梯3-3剖面图和顶层平面图，绘制楼梯底层和中间层平面图，并标注尺寸、标高、轴号及图名等。

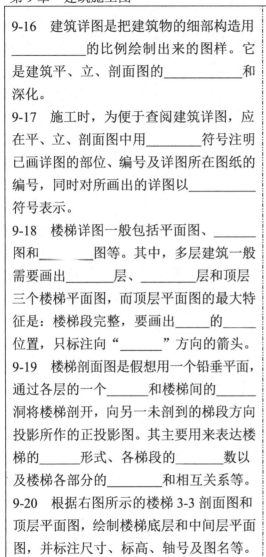

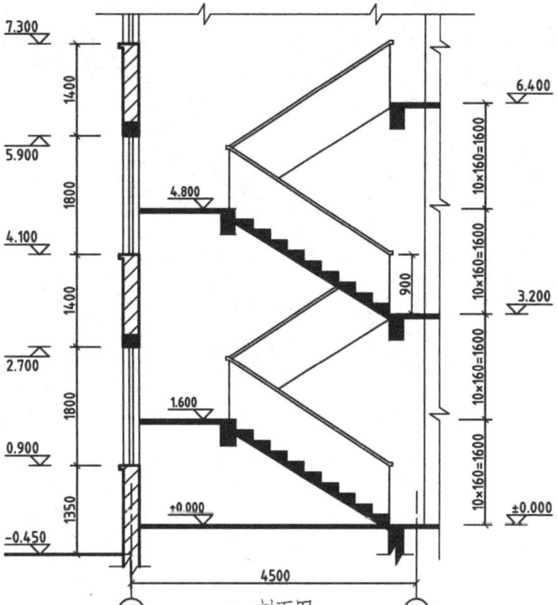
7.300
6.400
5.900
4.800
4.100
3.200
2.700
1.600
0.900
±0.000
-0.450
1400
1800
1400
1800
1350
900
10×160=1600
4500
E
D
3-3剖面图1:50

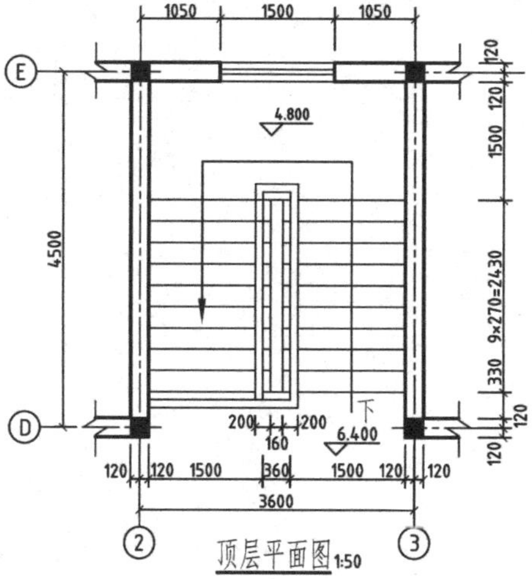
1050
1500
1050
E
D
4.800
4500
120
1500
9×270=2430
330
200
160
200
下
6.400
120
1500
360
3600
2
3
顶层平面图1:50

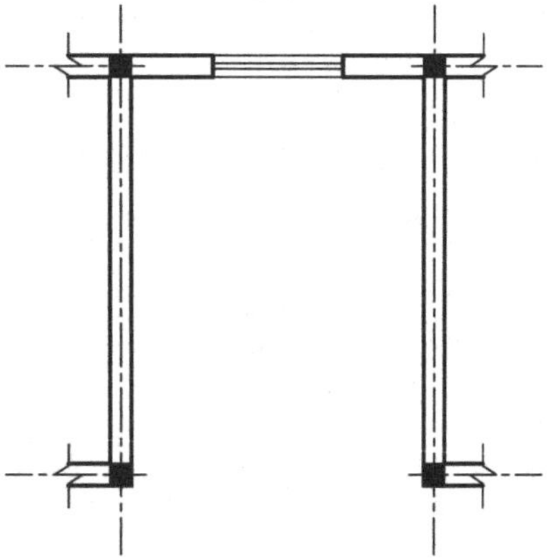

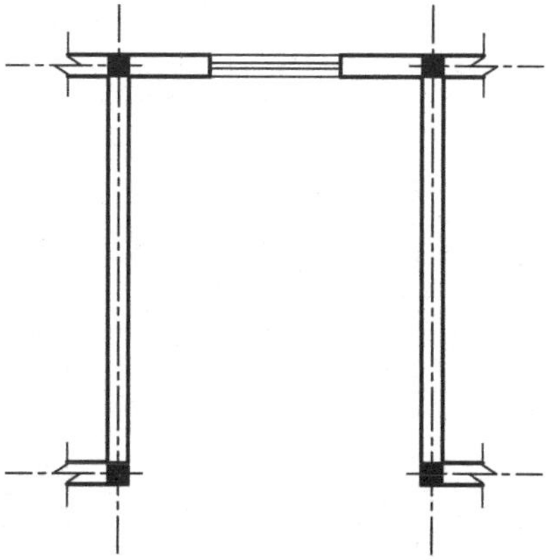

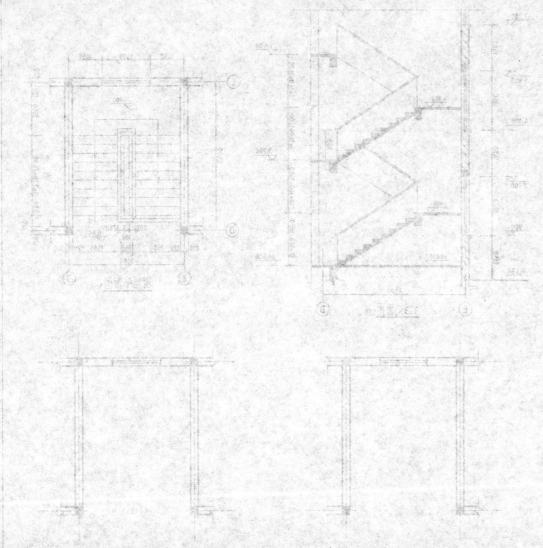

学生可沿此线剪下上交

9-21　识读并抄绘建筑施工图。

1. 目的

(1) 熟悉一般民用建筑施工图的内容和表达方法。

(2) 掌握绘制建筑施工图的步骤和方法。

2. 要求

(1) 读懂建筑施工图所表达的内容。

(2) 绘图时要严格遵守《房屋建筑制图统一标准》(GB/T 50001—2010)和《建筑制图标准》(GB/T 50104—2010)的各项规定，如有不详之处必须查阅相关标准。

3. 作业内容

抄绘教材《建筑工程制图与识图》第 9 章图 9-7 底层平面图。

4. 作业指导

(1) 图纸：A3 幅面绘图纸(横放)。

(2) 比例：1∶100。

(3) 铅笔：准备 2H、HB、B 三种型号的铅笔，打底稿用 2H，描深用 HB 或 B，写字用 HB。

(4) 图线：建议图线的基本线宽(粗实线的线宽)b 用 0.7mm 或 0.5mm，其余各类线型的线宽应符合线宽比例规定，同类图线应均匀一致，不同类图线应粗细分明。

(5) 字体：汉字用仿宋体，字母、数字用标准字体书写。建议图名用 7 号字；房间名称或说明用 5 号字；定位轴线编号的数字、字母用 5 号字；尺寸数字、门窗型号及标高值用 3.5 号字。

(6) 标注：依据图样上提供的尺寸完整而清晰地进行标注，标注尺寸应严格按照制图标准中的有关规定。

10-1　结构施工图主要是表达建筑物________________的布置、形状、大小、材料、构造及其互相关系的图样。其通常由____等图样组成。

10-2　在结构施工图中，构件的名称应用代号来表示，其中过梁的代号是_______，空心板的代号是________，构造柱的代号是________。

10-3　由混凝土和钢筋两种材料构成整体的构件，称为____________构件。混凝土的抗________能力强、抗________能力差，而钢筋的特点是_________，因而在钢筋混凝土结构中，钢筋主要承受_______力，混凝土则主要承受________力。

10-4　根据钢筋在构件中所起的作用不同，钢筋可分为___________、___________、___________、___________和___________等。

10-5　说明钢筋图上所标 12 ϕ6@200 的意义。

(1) 12 表示 ______________。 (2) ϕ6 表示 ______________。

(3) @200 表示 ______________。

10-6　在平面图中配置双层钢筋时，下面左图是________层钢筋画法；右图是________层钢筋画法。

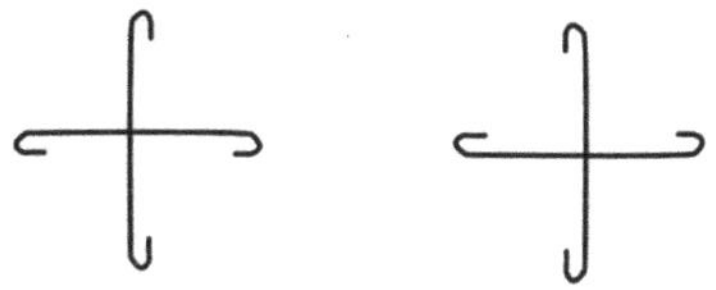

10-7　基础平面图是假想用一水平面沿相对标高为__________以下与基础之间断开，移去上部结构和周边土层，向_______投影所得的剖面图。

10-8　利用“平法”在平面布置图上表示各构件尺寸和配筋，有____________、____________和____________三种注写方式。

10-9　梁平法的标注规则主要有__________标注和__________标注两类。

学生可沿此线剪下上交

10-10　识读钢筋混凝土梁的钢筋图，根据立面图及钢筋简图画出 1-1 和 2-2 断面图并注明钢筋编号。

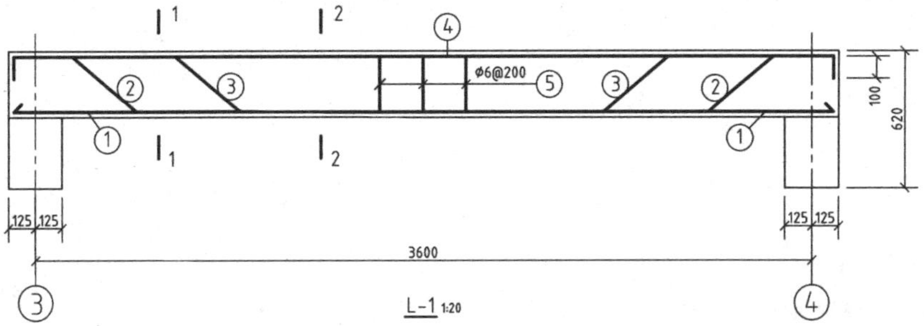
1
2
4
ϕ6@200
5
2
3
3
2
1
1
1
2
100
620
125
125
125
125
3600
3
4

L-1 1:20

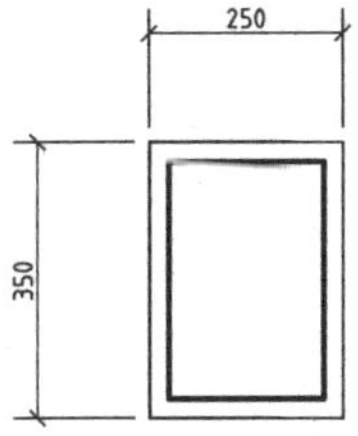
250
350

1-1 1:10

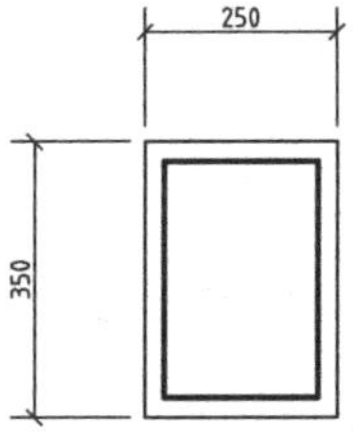
250
350

2-2 1:10

钢筋编号	钢筋简图	直径	根数
1	3800	ϕ16	2
2	100 275 423 2650 423 275 100	ϕ16	2
3	100 775 423 1650 423 775 100	ϕ16	1
4	100 3800 100	ϕ16	2
5	300 300 250 250	ϕ6	20

10-11　识读并抄绘结构施工图。

1．目的

(1) 熟悉一般居住建筑结构施工图的内容和表达方法。

(2) 掌握绘制结构施工图的步骤和方法。

2．要求

(1) 读懂结构施工图所表达的内容。

(2) 绘图时要严格遵守《房屋建筑制图统一标准》(GB/T 50001—2010)和《建筑结构制图标准》(GB/T 50105—2010)的各项规定，如有不详之处必须查阅相关标准。

(3) 图幅与比例自定，铅笔描深。

3．作业内容

抄绘教材《建筑工程制图与识图(第 3 版)》第 10 章图 10-11 基础平面图、图 10-13 底层结构平面图。

4．作业指导

(1) 铅笔：准备 2H、HB、B 三种型号的铅笔，打底稿用 2H，描深用 HB 或 B，写字用 HB。

(2) 图线：建议图线的基本线宽(粗实线的线宽)b 用 0.7mm 或 0.5mm，其余各类线形的线宽应符合线宽比例规定，同类图线应均匀一致，不同类图线应粗细分明。

(3) 字体：汉字用仿宋体，字母、数字用标准字体书写。建议图名用 7 号字；定位轴线编号的数字、字母及有关文字说明等用 5 号字；尺寸数字用 3.5 号字。

(4) 标注：依据图样上提供的尺寸完整而清晰地进行标注，标注尺寸应严格按照制图标准中的有关规定。

5．绘图步骤

(1) 先绘制轴线。

(2) 绘制基槽边线或墙线、楼板布置方向线等。

(3) 绘制梁、板、柱及其他需表达构配件的轮廓线。

(4) 检查无误后描深图线并标注尺寸、注写定位轴线编号、标高及有关文字说明等。

(5) 填写图名、校名、比例等内容。

学生可沿此线剪下上交

11-1　给水排水施工图一般分为________给水排水施工图和________给水排水施工图。

11-2　室内给水排水施工图是表达一幢建筑物内部的卫生器具、__________管道及其附件的________、________与房屋的__________和__________的施工图。一般包括__________、__________、__________和__________等。

11-3　填写下列管道的代号。

(1) 给水管用字母________表示。

(2) 排水管用字母________表示。

(3) 污水管用字母________表示。

(4) 雨水管用字母________表示。

11-4　当建筑物的给水引入管或排水排出管的数量超过一根时，应进行编号。方法为：在直径约为________mm 的圆圈内，过圆心画一水平线，线上标注________种类，如给水系统写“给”或汉语拼音字母 J；线下标注________，用阿拉伯数字书写。

11-5　多层建筑物的给水系统平面图，原则上应______层绘制。对于管道系统和用水设备布置相同的楼层平面可以绘制一个平面图，即__________层给水系统平面图，但________层平面图必须单独画出。当屋顶设有水箱及管道时，应画出________平面图；如果管道布置不复杂，可在标准层平面图中用________线画出水箱的位置。

11-6　管道系统轴测图一般采用________________图绘制。系统图中所有管段均需标注________，当连续几段管段的管径相同时，可仅标注________管段的管径，________管段管径可省略不用标注。直径用公称直径“______”表示。

11-7　用文字在横线上说明以下常用图例及代号的含义。

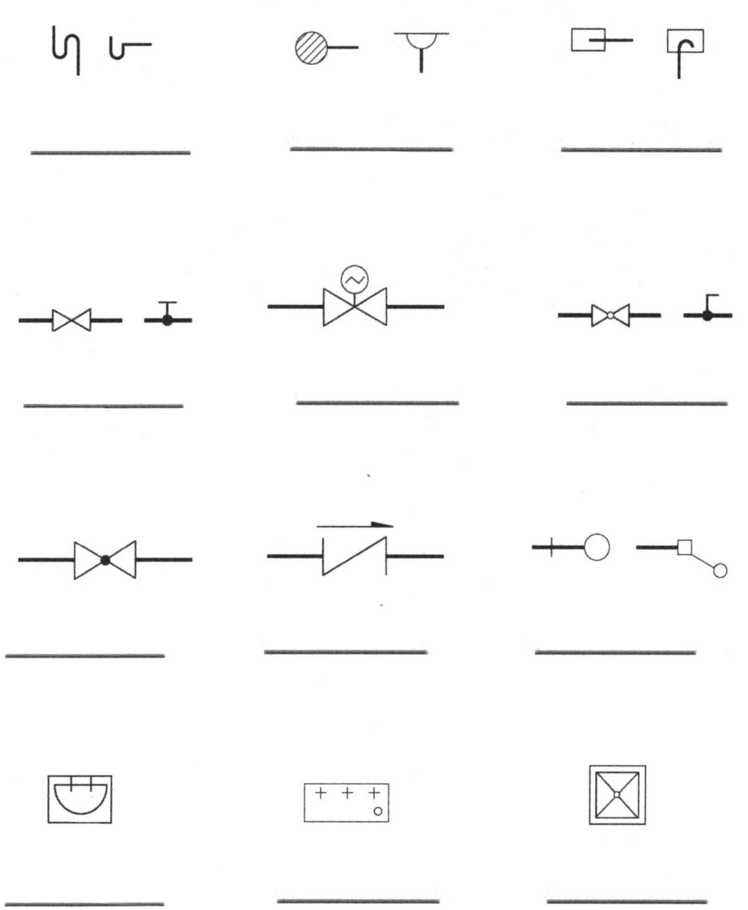

11-8　对照教材图 11-10 给水管道系统图，将下图中所有空格填写完整。

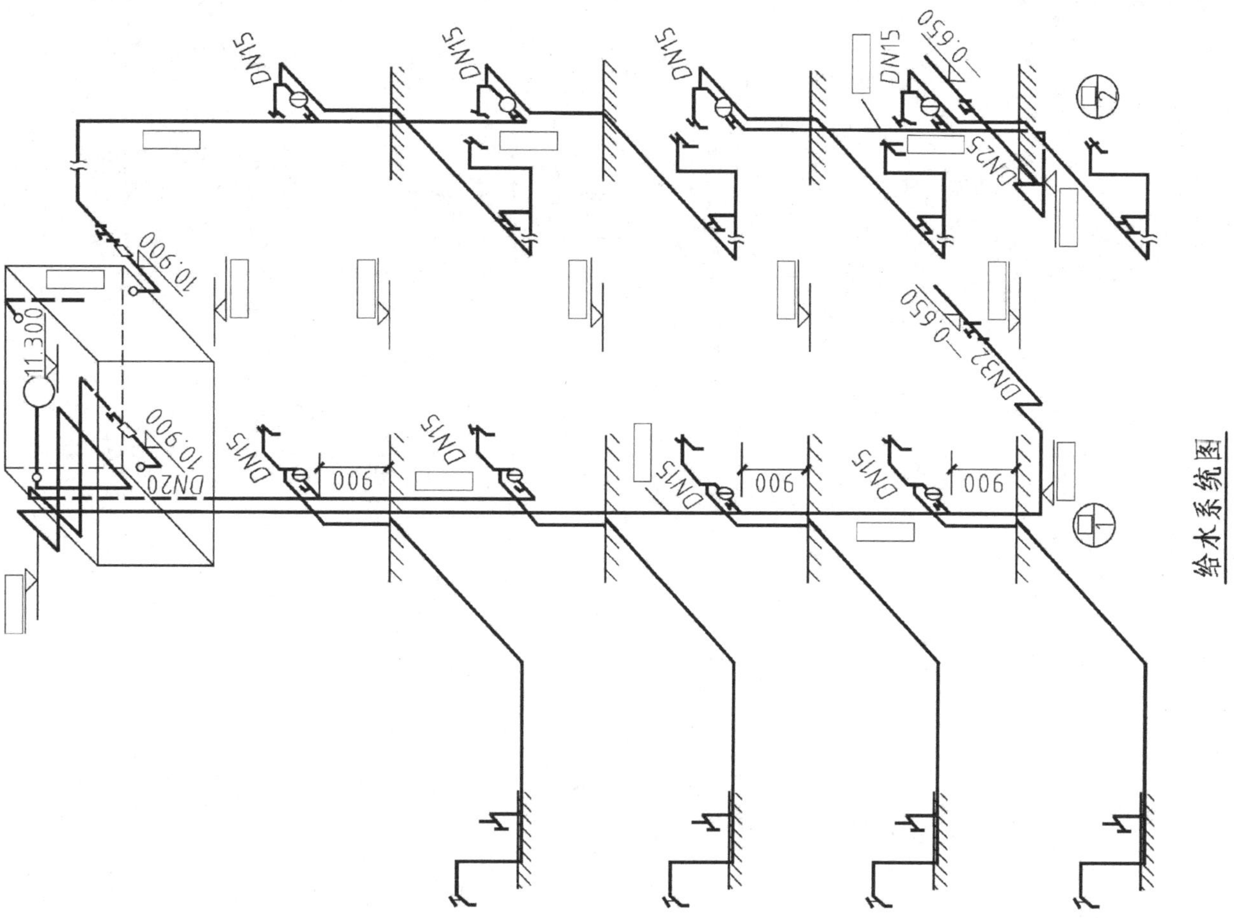
DN15
DN15
DN15
DN15
0.650
DN25
10.900
11.300
10.900
DN20
DN15
DN15
900
DN15
900
DN15
900
0.650
DN32
0.650
给水系统图

学生可沿此线剪下上交

11-9　画出水箱管道的系统图。

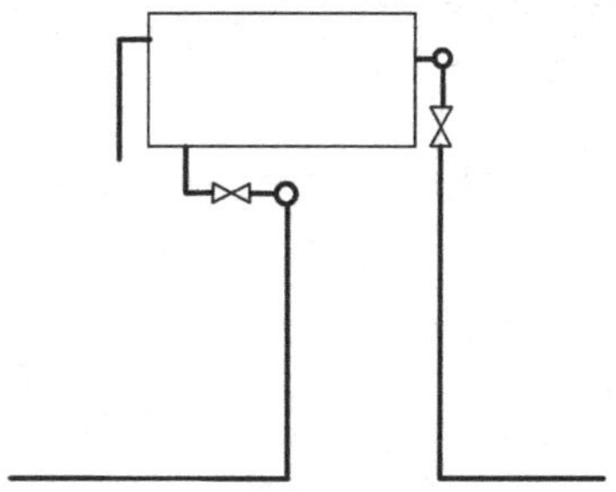

正立面图

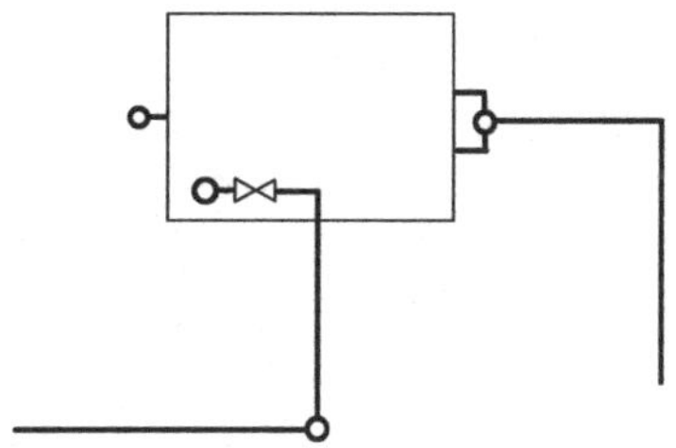

平面图

水箱管道系统图

11-10　识读并抄绘室内给水排水施工图。

1. 目的

(1) 熟悉一般居住建筑室内给排水施工图的内容和表达方法。

(2) 掌握绘制室内给水排水施工图的步骤和方法。

2. 要求

(1) 读懂室内给排水施工图所表达的内容。

(2) 绘图时要严格遵守《房屋建筑制图统一标准》(GB/T 50001—2010)和《建筑给水排水制图标准》(GB/T 50106—2010)的各项规定，如有不详之处必须查阅相关标准。

(3) 图幅与比例自定，铅笔描深。

3. 作业内容

抄绘教材《建筑工程制图与识图(第 3 版)》第 11 章图 11-8 底层给水排水管道平面图和图 11-9 楼层给水排水管道平面图。

4. 作业指导

(1) 铅笔：准备 2H、HB、B 三种型号的铅笔，打底稿用 2H，描深用 HB 或 B，写字用 HB。

(2) 图线：建议图线的基本线宽(粗实线的线宽)b 用 0.7mm 或 0.5mm，其余各类线形的线宽应符合线宽比例规定，同类图线应均匀一致，不同类图线应粗细分明。

(3) 字体：汉字用仿宋体，字母、数字用标准字体书写。建议图名用 7 号字；定位轴线编号的数字、字母用 5 号字；尺寸数字及注解说明等用 3.5 号字。

(4) 标注：依据图样上提供的尺寸完整而清晰地进行标注，标注尺寸应严格按照制图标准中的有关规定。

5. 绘图步骤

(1) 先绘制轴线、墙、柱、门窗洞口、楼梯等。

(2) 绘制用水设备、卫生器具等。

(3) 绘制给水排水系统中的管道设备等。

(4) 检查无误后描深图线并标注尺寸，注写定位轴线编号、管道的直径与编号及标高等。

(5) 填写图名、校名、比例等内容。

学生可沿此线剪下上交

12-1　装饰施工图是用于表达建筑装饰工程的总体布局、立面造型、____________、_____________和__________的图样。它是以透视效果图为主要依据，采用___________的方法反映建筑物内(外)表面的装饰装修情况，包括室内空间各部位的装修尺寸、所用材料、___________、___________和___________等内容。

12-2　根据建筑空间使用性质的不同，建筑装饰工程一般分为居住空间和________空间两大类型，即通常所说的“家装”和“_______”。

12-3　为了表明室内各立面图的投影方向和投影面的编号，在装饰平面图中应画出______符号注明视点位置、方向及立面编号。

12-4　平面布置图与地面铺装(地坪)图是假想用一水平剖切平面，沿着需要装修房间的_________处作水平全剖切，移去______部分，对剩下的部分所作的水平正投影图。

12-5　平面布置图主要用于表达装饰结构的__________、具体形状及尺寸，表明饰面的材料和工艺要求等；而地面铺装图则主要用于表达拼花、造型、块材等__________的装修情况。

12-6　顶棚平面图是用一个假想的水平剖切平面，沿着需要装修房间的_______处作水平全剖切，移去_______部分，对剩余的上面部分所作的______投影。

12-7　装饰立面图是将建筑物装饰的_______墙面或_______墙面向铅直投影面所作的正投影图。主要用来表达墙面的立面装饰造型、材料、工艺要求以及附属的家具、陈设、植物等必要的尺寸和_______等。

12-8　装饰剖面图是假想将装饰面(或装饰体)整体剖开(或局部剖开)后，得到的反映_________与_________之间关系的正投影图；而节点详图是前面所述各种图样中未明之处，用较大的__________画出的用于施工的图样。

12-9　用文字在横线上写出以下常用图例的名称。

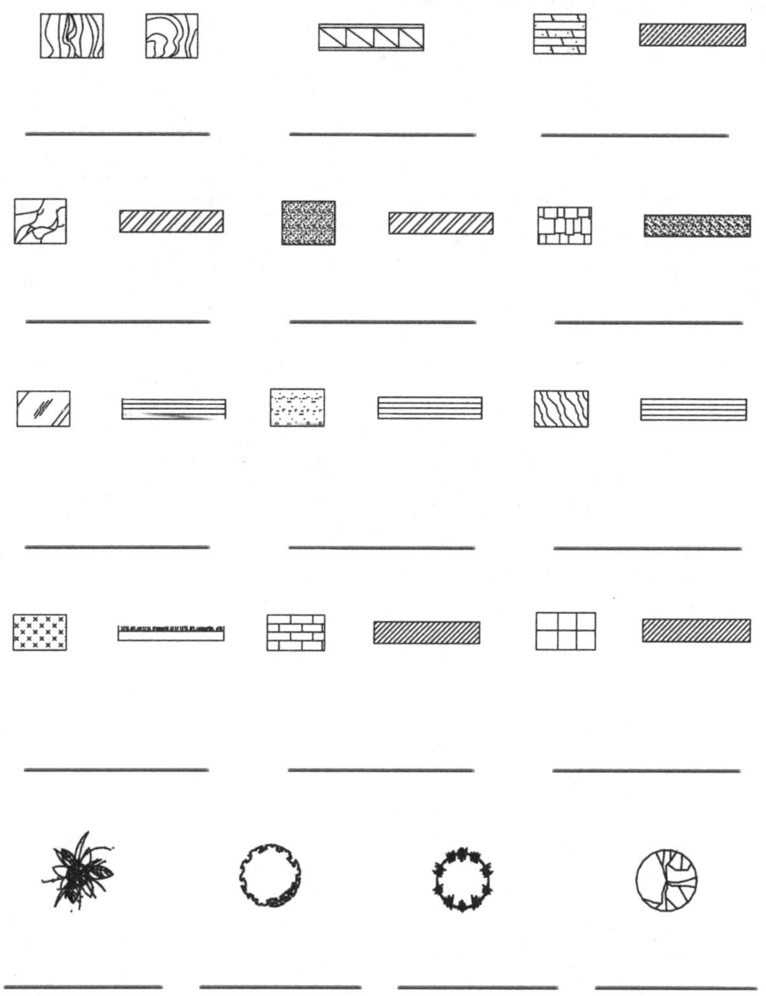

学生可沿此线剪下上交

12-10　识读并绘制装饰施工图。

1. 目的

(1) 了解装饰施工图的表达内容及图示特点。

(2) 掌握绘制装饰施工图的方法。

2. 要求

(1) 读懂装饰施工图所表达的内容。

(2) 绘图时应参照《房屋建筑制图统一标准》(GB/T 50001—2010)和《建筑制图标准》(GB/T 50104—2010)的各项规定。

(3) 图幅与比例自定，铅笔描深。

3. 作业内容

抄绘教材《建筑工程制图与识图(第 3 版)》图 12-3～图 12-7 装饰施工图。

4. 作业指导

(1) 铅笔：准备 2H、HB、B 三种型号的铅笔，打底稿用 2H，描深用 HB 或 B，写字用 HB。

(2) 图线：建议图线的基本线宽(粗实线的线宽)b 用 0.7mm 或 0.5mm，其余各类线形的线宽应符合线宽比例规定，同类图线应均匀一致，不同类图线应粗细分明。

(3) 字体：汉字用仿宋体，字母、数字用标准字体书写。建议图名用 7 号字；数字、字母及有关文字说明等用 5 号字；尺寸数字用 3.5 号字。

(4) 标注：依据图样上提供的尺寸完整而清晰地进行标注，标注尺寸应严格按照制图标准中的有关规定执行。

5. 绘图步骤

1) 平面布置图

(1) 根据工程尺寸确定图幅和绘图比例。

(2) 绘制轴线、建筑主体结构与门窗(轴线用细点画线、墙体和柱子用粗实线、门窗用中实线绘制)。

(3) 绘制家具陈设、卫生洁具、厨房设备、电器等(用中实线绘制)。

(4) 绘制各房间的地面材料(用细实线绘制)。注意地面方形材质如地砖、大理石等应从房间的中线开始划分，以便于非整块砖或石材安排在房间的边角位置。

(5) 检查无误后描深图线并标注尺寸，注写定位轴线编号内视符号、详图索引符号、标高(以当前楼层室内地坪为±0.000)及文字说明等。

(6) 填写图名、校名、比例等内容。

2) 顶棚平面图

(1) 确定图幅和比例(同平面图)。

(2) 绘制建筑主体结构与门窗(门洞封闭)。

(3) 绘制天花造型轮廓、灯具、通风防火设施等(暗藏反光灯槽可以采用虚线表示)，其中天花造型的轮廓线和灯具用中实线，天花的装饰线、泛光灯槽等用细实线绘制。

(4) 检查无误后描深图线并标注尺寸和详图索引符号、剖面符号、标高及文字说明等。

3) 装饰立面图

(1) 确定图幅和比例。

(2) 结合平面图，根据标高，绘制立面实体外轮廓(用中实线绘制)，立面图中吊顶剖面可以根据情况确定是否绘制；当空间立面装修内容表达意义不大时，立面图可以省略。

(3) 绘制立面图所包含装修构件的投影线，如门窗、家具、陈设、装修造型、吊顶剖面轮廓等(家具设备等的细部用细实线绘制)。

(4) 检查无误后描深图线并标注尺寸，特殊构造处绘制详图索引符号或剖切符号，引出线引出文字标注来说明墙面材料的使用情况，表示出门窗开启方向等。

12-11　绘制装饰地面铺装图与顶棚平面图(题目要求见 12-10)。

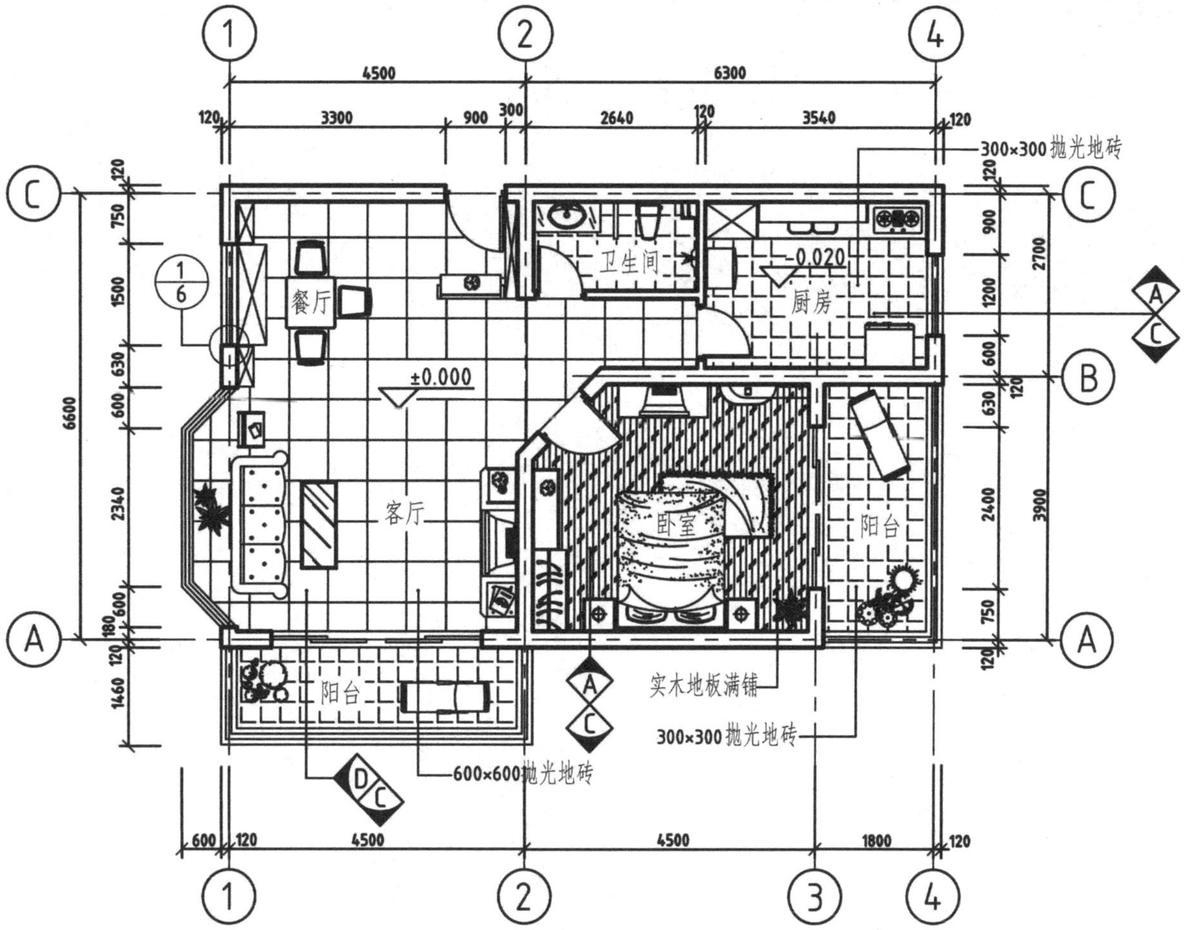

1
2
4
4500
6300
120
3300
900
300
2640
120
3540
120
300×300抛光地砖
C
B
A
卫生间
-0.020
厨房
餐厅
±0.000
客厅
卧室
阳台
阳台
实木地板满铺
300×300抛光地砖
600×600抛光地砖
1
6
D
C
6600
3900
2700
600
120
4500
4500
1800
120
3

平面布置图 1:100

学生可沿此线剪下上交

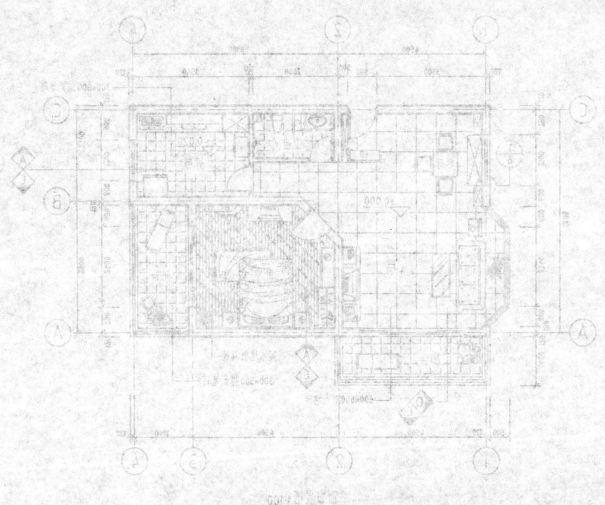

学生可沿此线剪下上交

12-12　绘制顶棚平面图(题目要求见 12-10)。

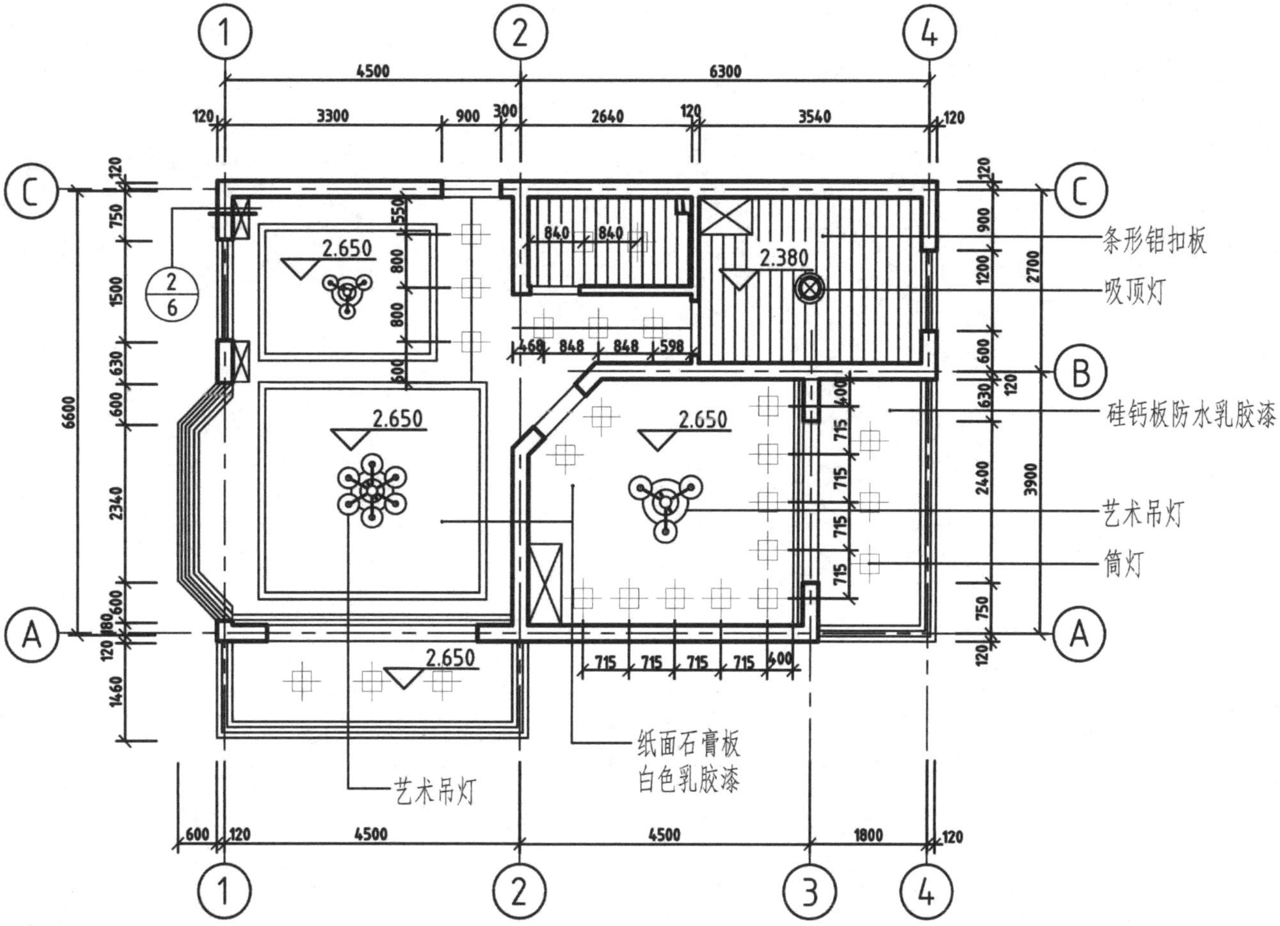

1
2
4
4500
6300
120
3300
900
300
2640
120
3540
120
C
A
B
2.650
2.380
条形铝扣板
吸顶灯
硅钙板防水乳胶漆
艺术吊灯
筒灯
纸面石膏板
白色乳胶漆
艺术吊灯
840
848
598
715
400
6600
2700
3900
2400
600
120
4500
4500
1800
3

顶棚平面图 1:100

学生可沿此线剪下上交

12-13　绘制装饰立面图与节点详图(题目要求见 12-10)。

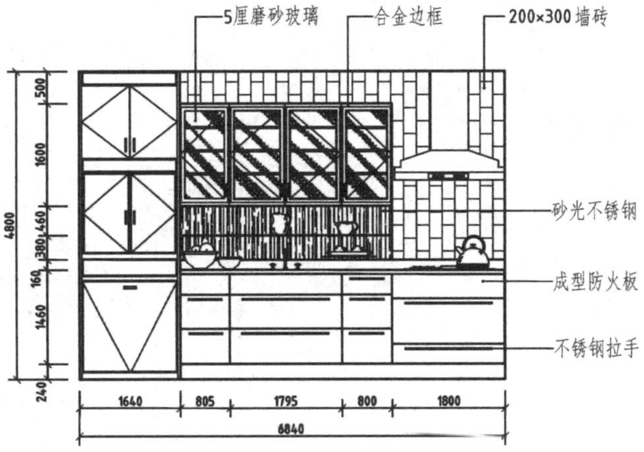
5厘磨砂玻璃
合金边框
200×300 墙砖
砂光不锈钢
成型防火板
不锈钢拉手
500
1600
4800
460
380
160
1460
240
1640
805
1795
800
1800
6840

厨房A向立面图 1:50

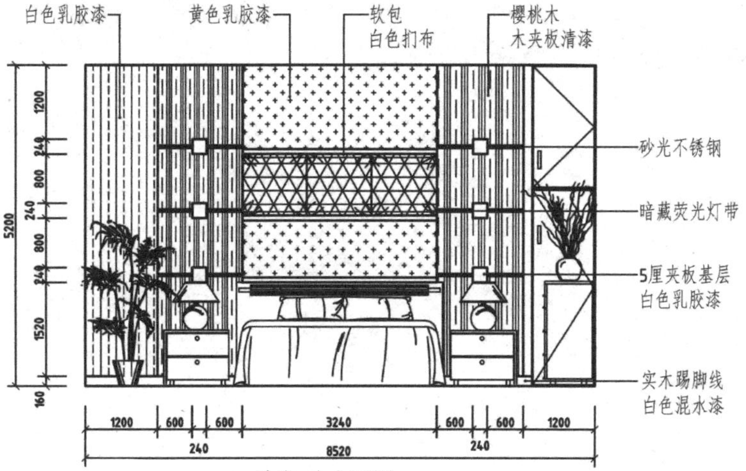
白色乳胶漆
黄色乳胶漆
软包
白色扪布
樱桃木
木夹板清漆
砂光不锈钢
暗藏荧光灯带
5厘夹板基层
白色乳胶漆
实木踢脚线
白色混水漆
1200
240
800
240
5200
800
240
1520
160
1200
600
600
3240
600
600
1200
240
8520
240

卧室C向立面图 1:50

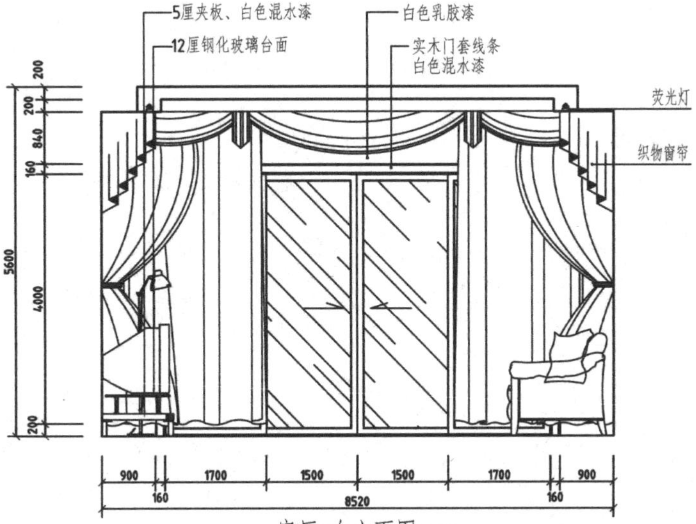
5厘夹板、白色混水漆
12厘钢化玻璃台面
白色乳胶漆
实木门套线条
白色混水漆
荧光灯
织物窗帘
200
200
840
160
5600
4000
200
900
1700
1500
1500
1700
900
160
8520
160

客厅C向立面图 1:50

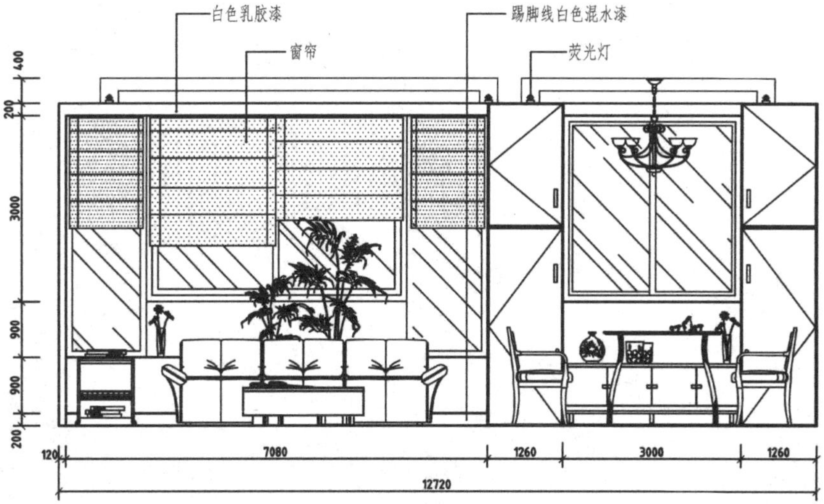
白色乳胶漆
窗帘
踢脚线白色混水漆
荧光灯
400
200
3000
900
900
200
120
7080
1260
3000
1260
12720

客厅D向立面图 1:50

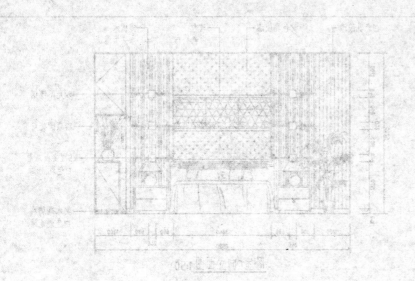

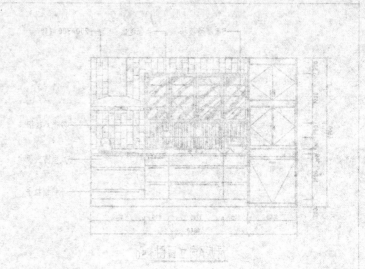

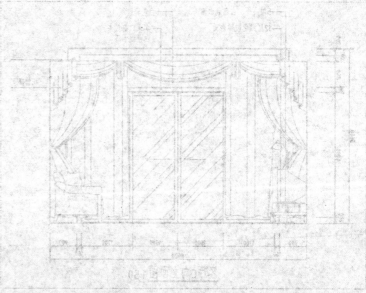

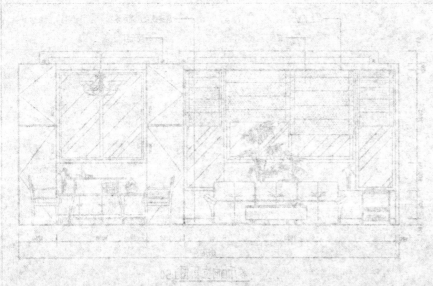

学生可沿此线剪下上交

12-14　绘制装饰剖面图与节点详图(题目要求见 12-10)。

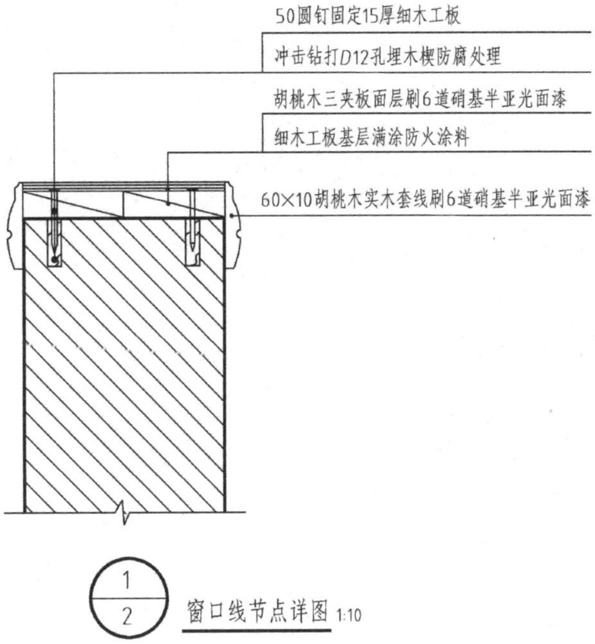

50圆钉固定15厚细木工板
冲击钻打D12孔埋木楔防腐处理
胡桃木三夹板面层刷6道硝基半亚光面漆
细木工板基层满涂防火涂料
60×10胡桃木实木套线刷6道硝基半亚光面漆
1
2
窗口线节点详图 1:10

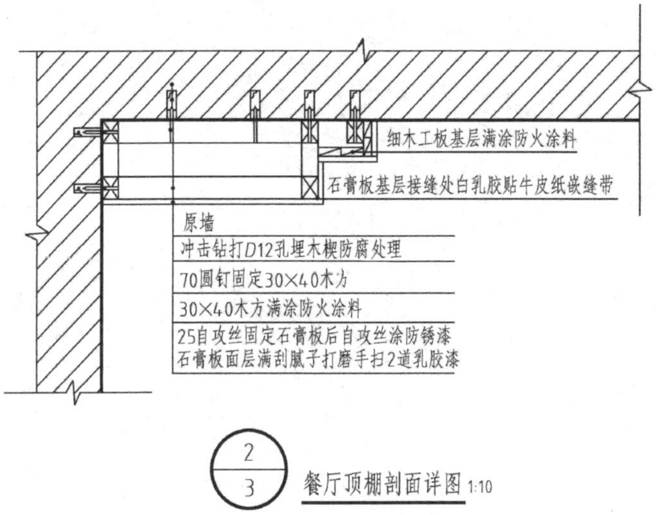

细木工板基层满涂防火涂料
石膏板基层接缝处白乳胶贴牛皮纸嵌缝带
原墙
冲击钻打D12孔埋木楔防腐处理
70圆钉固定30×40木方
30×40木方满涂防火涂料
25自攻丝固定石膏板后自攻丝涂防锈漆
石膏板面层满刮腻子打磨手扫2道乳胶漆
2
3
餐厅顶棚剖面详图 1:10

绘制剖面图和节点详图的步骤如下。

(1) 根据平面尺寸确定比例。

(2) 绘制原结构墙面，绘制剖面图或节点的结构线。

(3) 正确使用图例，绘制节点的构造材料，绘制没剖到但能看到的构件轮廓线。

(4) 标注尺寸及材料的文字说明，注写详图符号及图名、比例等。

学生可沿此线剪下上交

13-1　用圆、正多边形、直线、圆弧、构造线以及修剪、复制等命令绘制以下图形。

1.

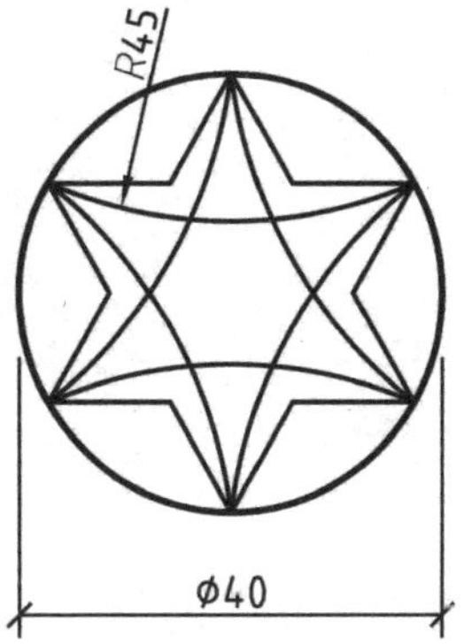
R45
ϕ40

2.

ϕ30

3.

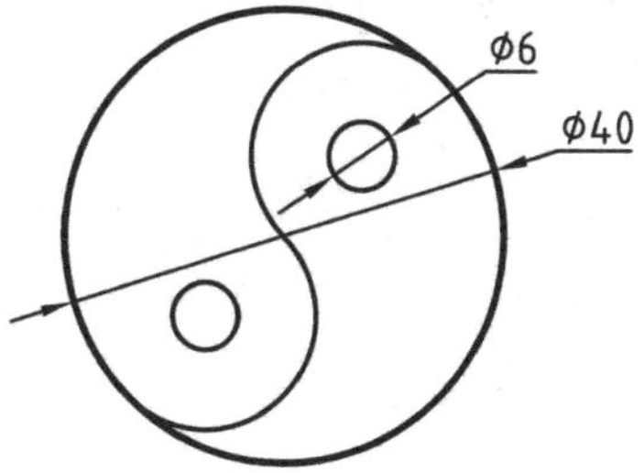
ϕ6
ϕ40

13-2　用圆、正多边形、圆弧以及偏移、修剪等命令绘制以下图形。

1.

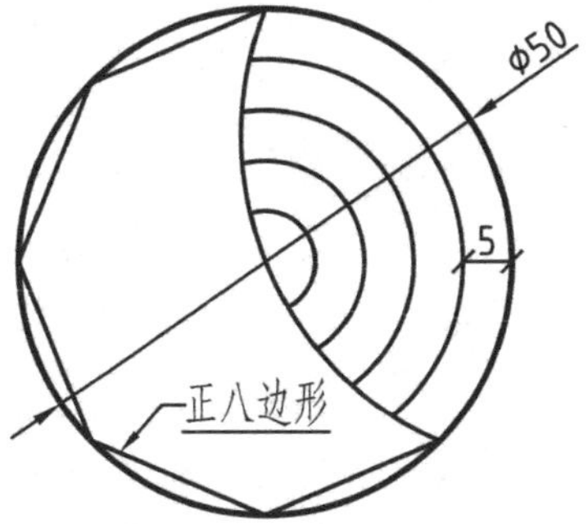
ϕ50
5
正八边形

2.

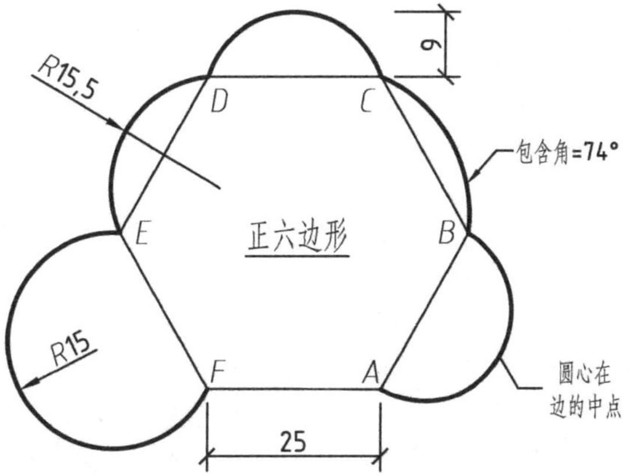
9
R15.5
D
C
包含角=74°
E
正六边形
B
R15
F
A
圆心在
边的中点
25

3.

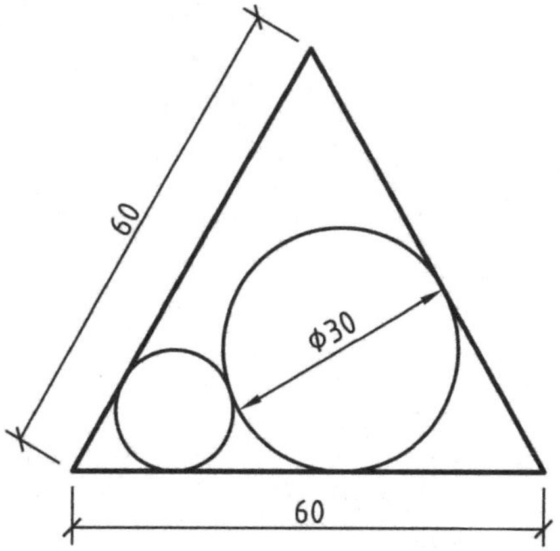
60
ϕ30
60

学生可沿此线剪下上交

13-3　用坐标输入法及直线、圆和等分等命令绘制以下图形(绘图时注意配合使用对象捕捉、极轴追踪、对象追踪等工具)。

1.

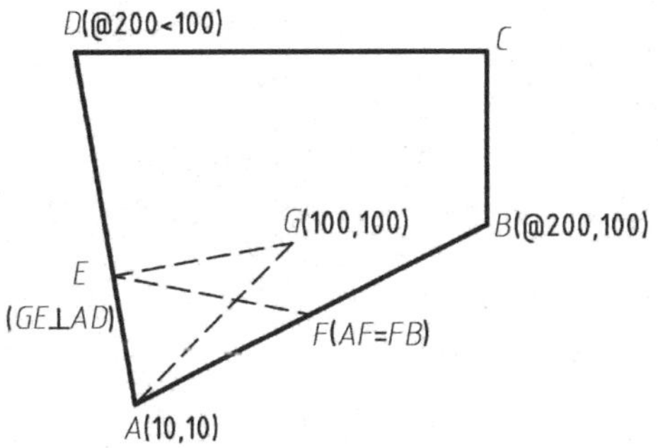
D(@200<100)
C
G(100,100)
B(@200,100)
E
(GE⊥AD)
F(AF=FB)
A(10,10)

2.

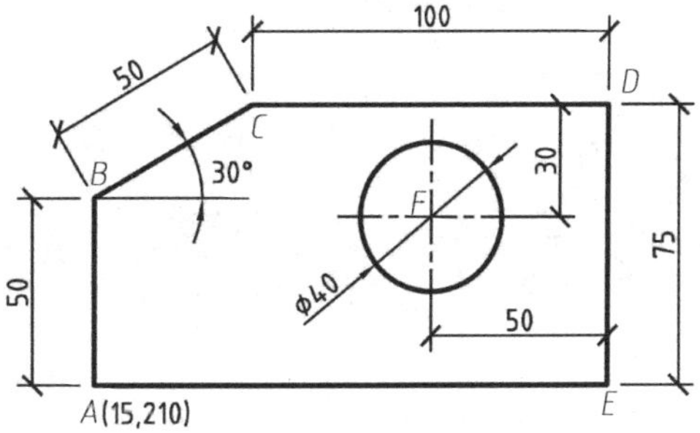
100
50
D
C
B
30°
30
F
75
50
Φ40
50
A(15,210)
E

3.

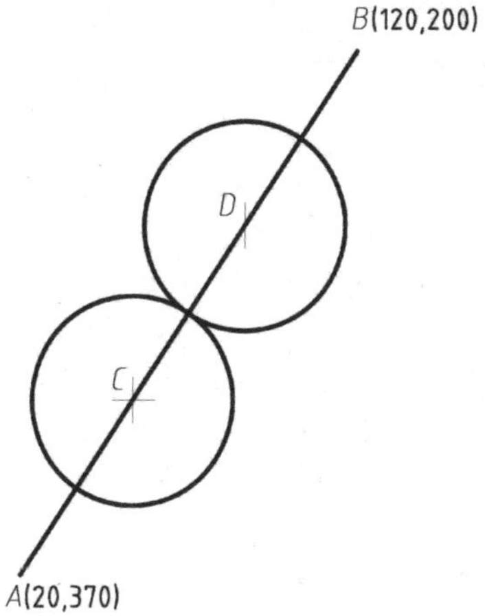
B(120,200)
D
C
A(20,370)

13-4　用矩形、正多边形、圆、圆弧以及偏移、阵列、修剪等命令绘制以下图形。

1.

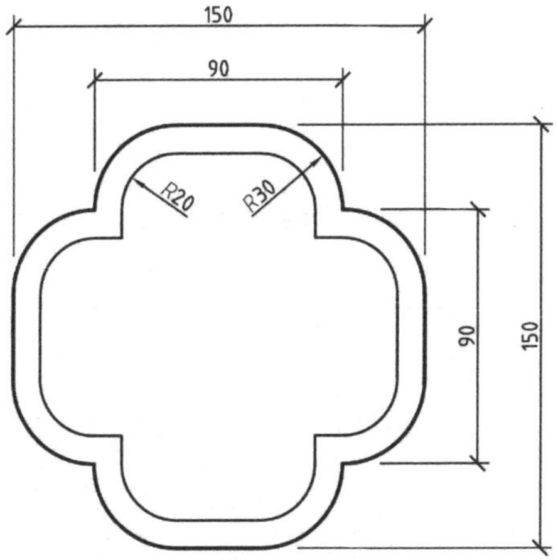
150
90
R20
R30
90
150

2.

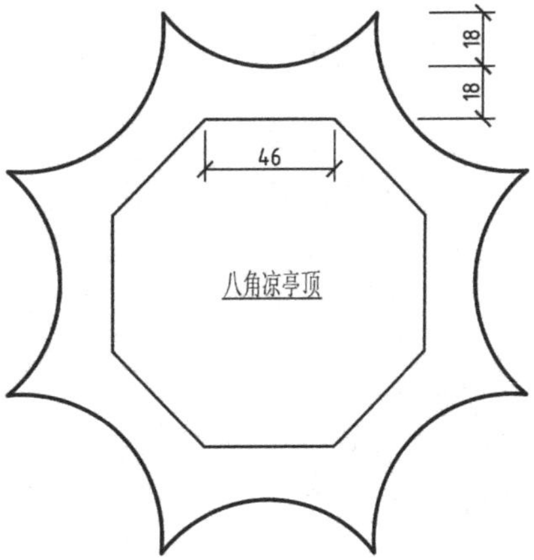
18
18
46
八角凉亭顶

3.

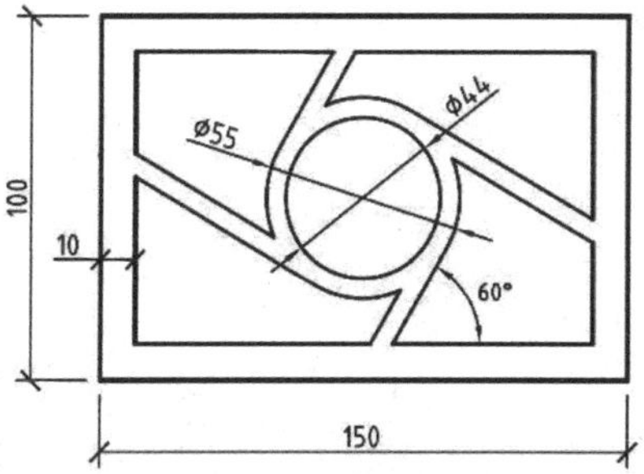
Φ55
Φ44
100
10
60°
150

学生可沿此线剪下上交

13-5　按给定尺寸绘制沙发、茶几以及橱柜。

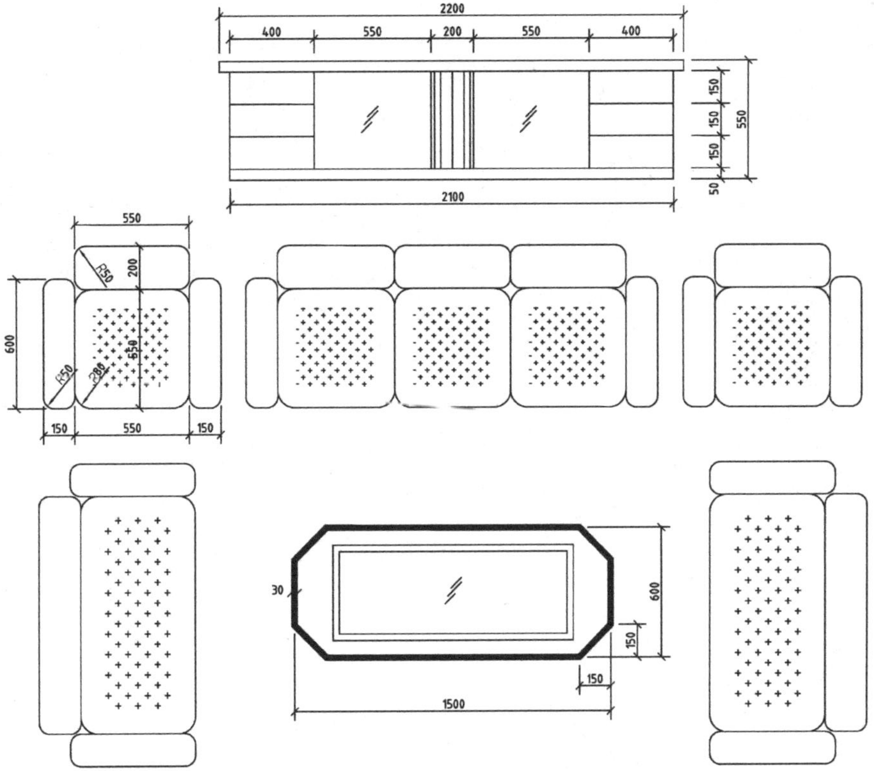
2200
400
550
200
550
400
150
150
150
550
50
2100
550
200
R50
600
650
R50
200
150
550
150
30
600
150
150
1500

13-6　图形的拉伸练习[绘制(a)图，并将其拉伸成(b)图]。

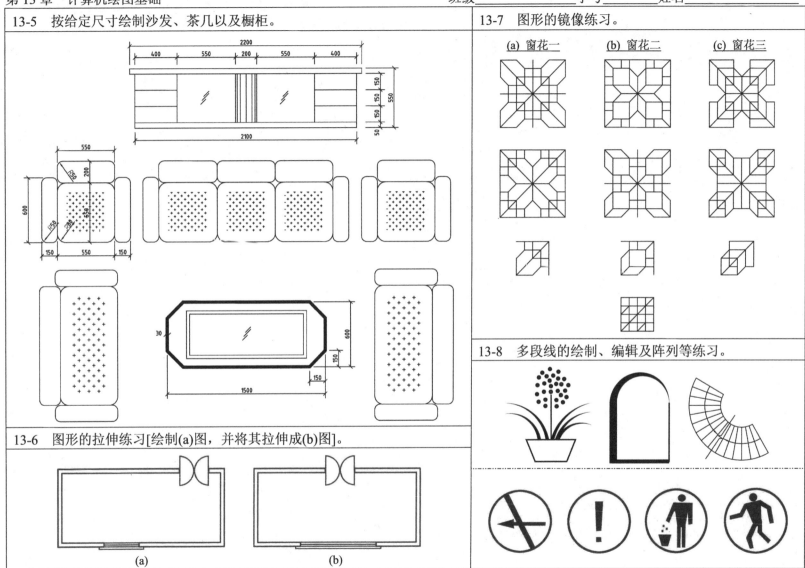

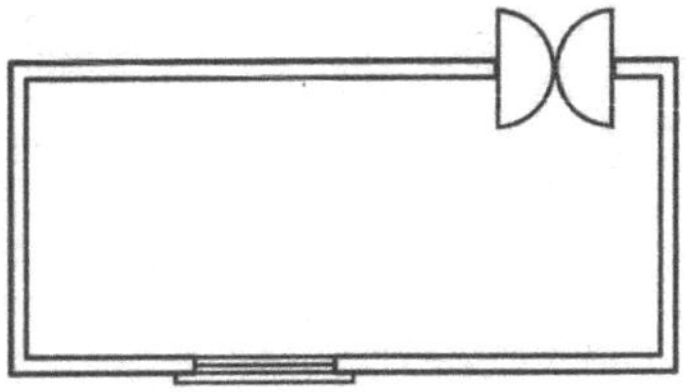
(a)

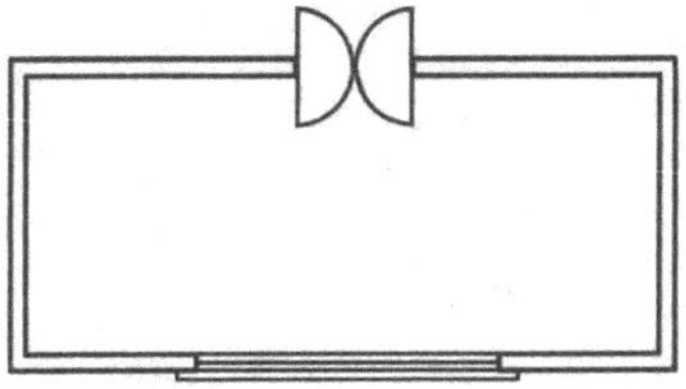
(b)

13-7　图形的镜像练习。

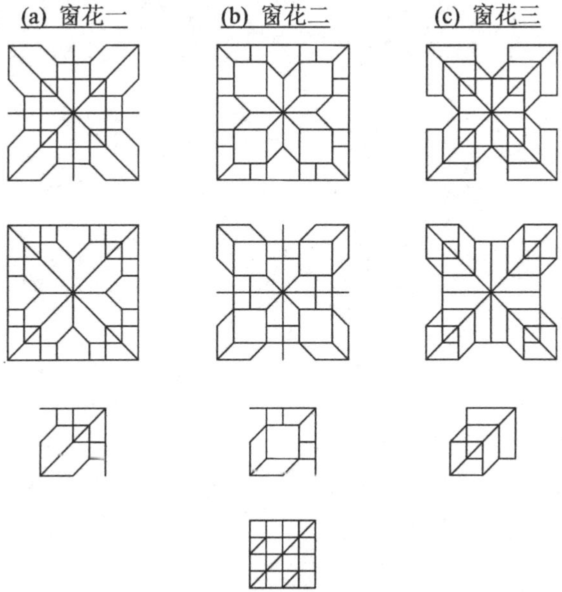
(a) 窗花一
(b) 窗花二
(c) 窗花三

13-8　多段线的绘制、编辑及阵列等练习。

学生可沿此线剪下上交

13-9　按给定尺寸绘制以下各类标识图形。

1．奥运村标识。

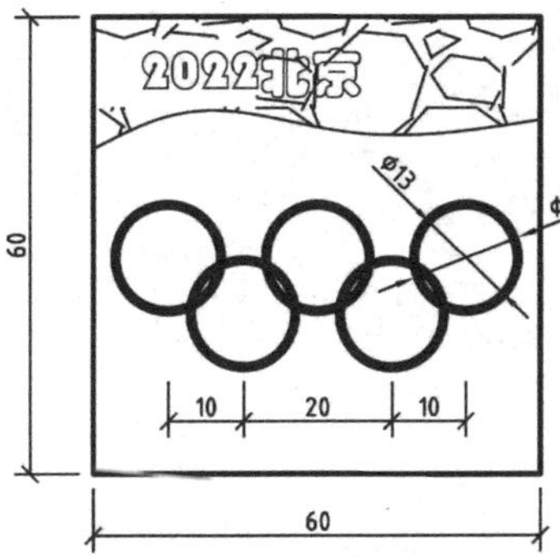
2022北京
ϕ13
ϕ15
60
10
20
10
60

2．酒吧标识。

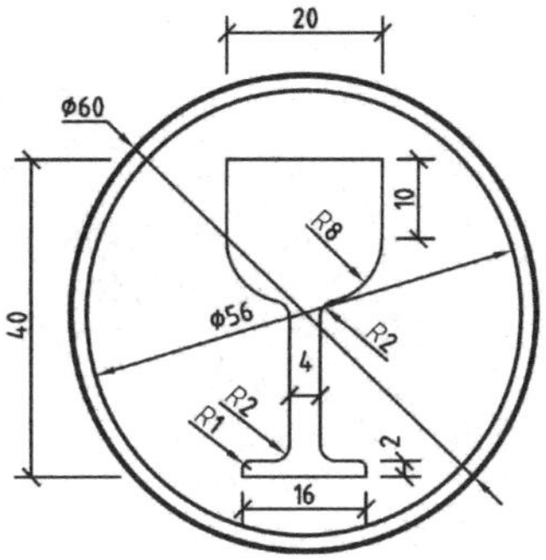
20
ϕ60
10
R8
40
ϕ56
R2
4
R2
R1
2
16

3．篮球馆标识。

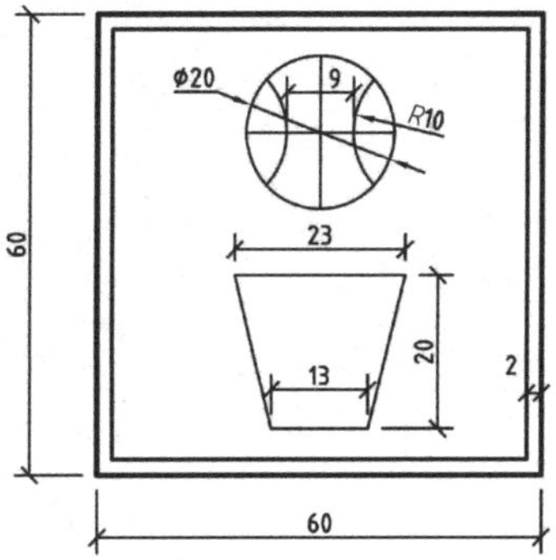
ϕ20
9
R10
60
23
20
13
2
60

4．货币兑换处标识。

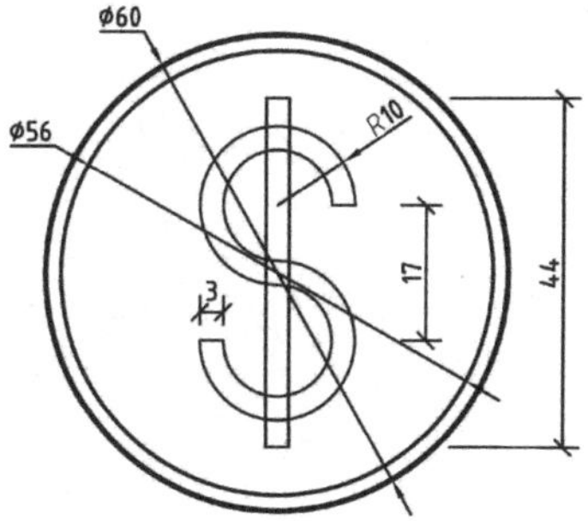
ϕ60
ϕ56
R10
17
44
3

13-10　按给定比例绘制以下平面图形并标注尺寸。

1．洗手盆(比例 1∶2)。

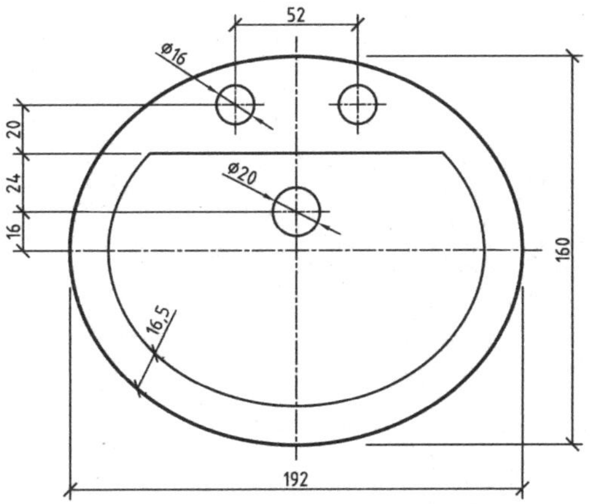
52
ϕ16
20
24
ϕ20
16
160
16.5
192

2．扶手轮廓(比例 1∶2)。

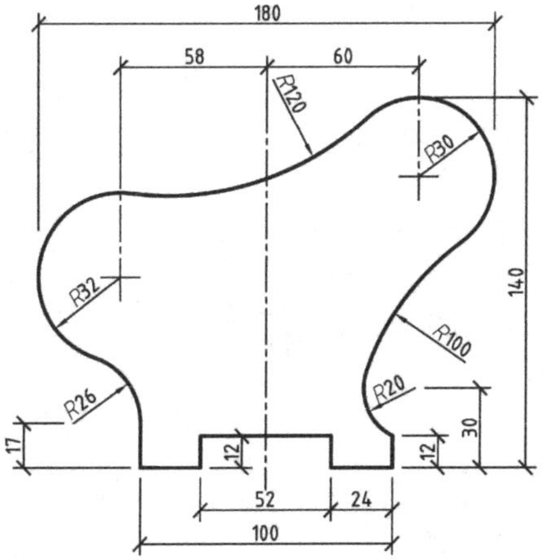
180
58
60
R120
R30
R32
140
R100
R20
R26
17
12
30
12
52
24
100

3．风扇叶片(比例 1∶20)。

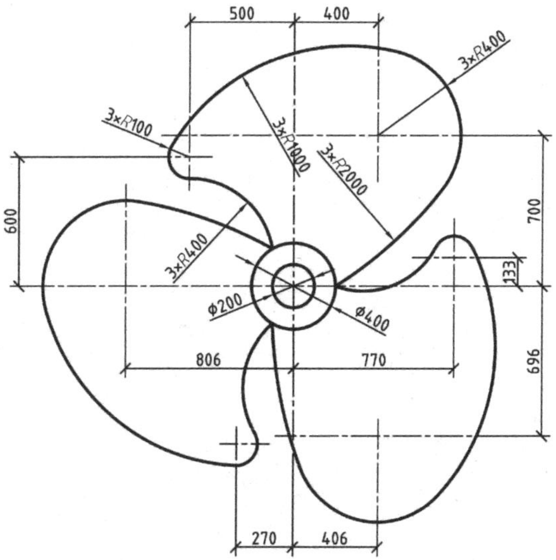
500
400
3×R400
3×R100
3×R1000
3×R2000
600
700
3×R400
133
ϕ200
ϕ400
806
770
696
270
406

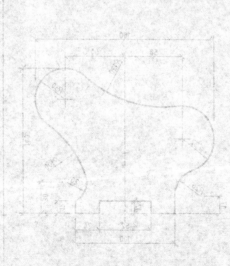

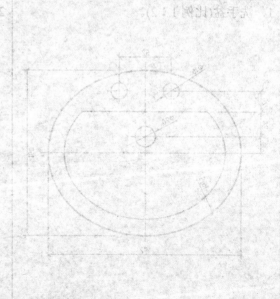

学生可沿此线剪下上交

13-11　绘制建筑平面图、立面图与详图，并标注尺寸、标高以及轴号、门窗编号和详图索引符号等内容。

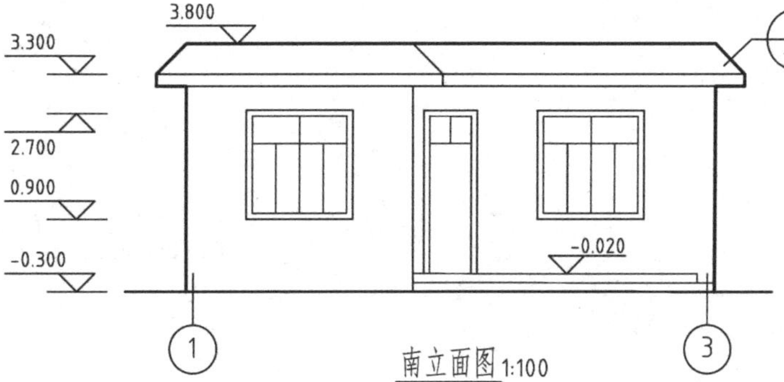

3.800
3.300
2.700
0.900
-0.300
-0.020
1
3

南立面图 1:100

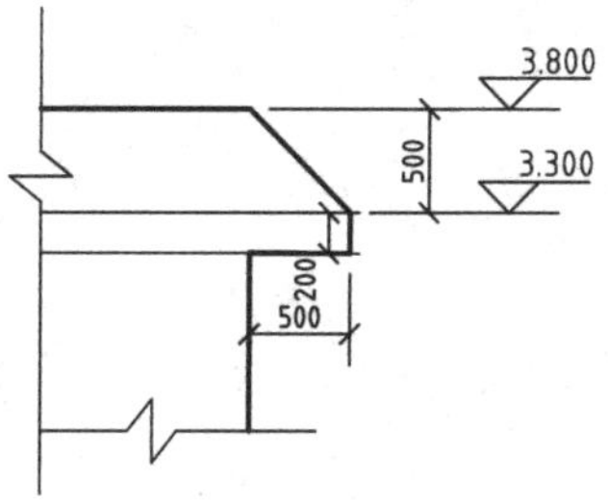

3.800
3.300
500
200
500

1　1:50

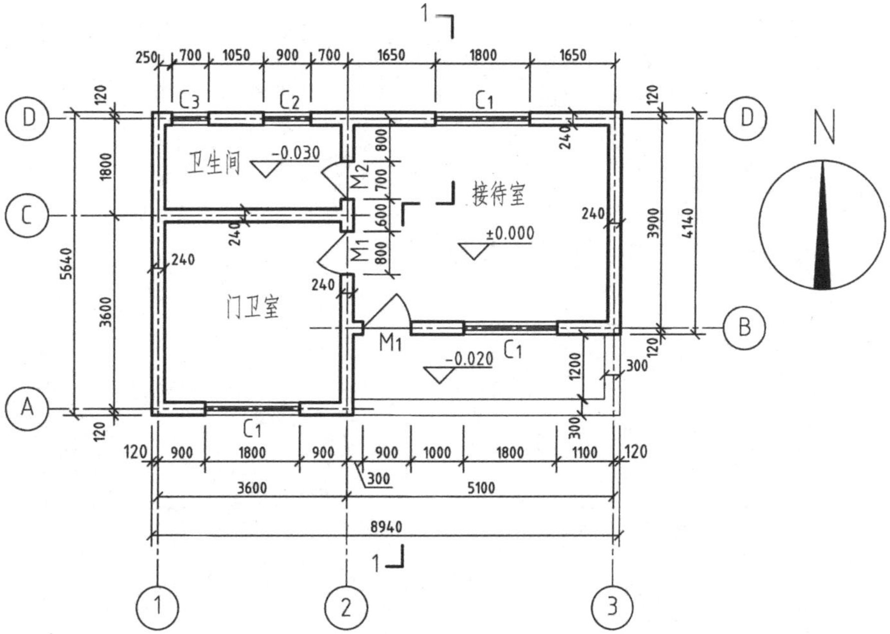

卫生间
-0.030
接待室
±0.000
门卫室
-0.020
C1
C2
C3
M1
M2
N
250 700 1050 900 700 1650 1800 1650
120 900 1800 900 900 1000 1800 1100 120
300
3600
5100
8940
1800
3600
5640
3900
4140
1200
240
A
B
C
D
1
2
3

平面图 1:100

学生可沿此线剪下上交

13-12　按指定比例及尺寸绘制图示梁的配筋图。

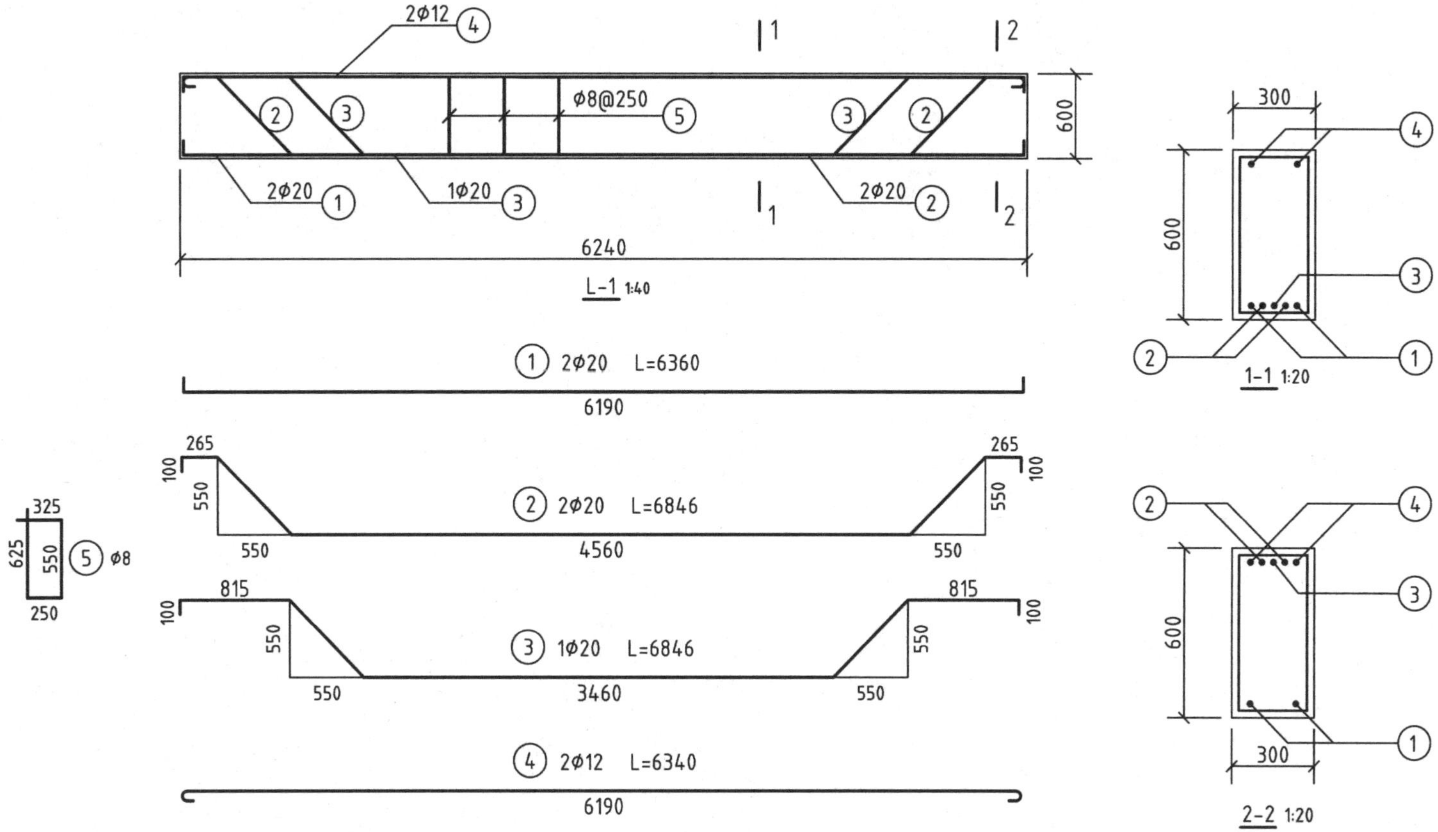
2Φ12 ④
Φ8@250 ⑤
600
2Φ20 ①
1Φ20 ③
2Φ20 ②
6240
L-1 1:40
300
1-1 1:20
① 2Φ20 L=6360
6190
265
100
550
② 2Φ20 L=6846
4560
815
③ 1Φ20 L=6846
3460
④ 2Φ12 L=6340
325
625
550
⑤ Φ8
250
2-2 1:20